Wisdom of Zen
智慧禅·系列

根·道·果

世界上最快乐的人

[尼泊尔] 咏给·明就仁波切 / 著
艾瑞克·史旺森 / 执笔
江翰雯等 / 译

海南出版社
·海口·

版权合同登记号：图字：30-2021-057 号

图书在版编目 (CIP) 数据

世界上最快乐的人：根·道·果 / (尼泊尔) 明就 (Mingyur,Y.) 著；江翰雯等译．-- 海口：海南出版社，2013．10 (2025．10 重印).

书名原文：The joy of living:Unlocking the secret and science of happiness

ISBN 978-7-5443-4963-5

Ⅰ．①世… Ⅱ．①明… ②江… Ⅲ．①快乐 – 通俗读物 Ⅳ．① B842.6-49

中国版本图书馆 CIP 数据核字 (2013) 第 050335 号

世界上最快乐的人：根·道·果

SHIJIE SHANG ZUI KUAILE DE REN: GEN · DAO · GUO

作　　者：[尼泊尔] 咏给·明就仁波切
译　　者：江翰雯等
责任编辑：张　雪
责任印制：郄亚喃
印刷装订：河北盛世彩捷印刷有限公司
读者服务：张西贝佳
出版发行：海南出版社
总社地址：海口市金盘开发区建设三横路 2 号　邮编：570216
北京地址：北京市朝阳区黄厂路 3 号院 7 号楼 101 室
电　　话：0898-66812392　010-87336670
电子邮箱：hnbook@263.net
经　　销：全国新华书店
出版日期：2013 年 10 月第 1 版　2025 年 10 月第 17 次印刷
开　　本：880 mm × 1 230 mm　1/32
印　　张：9.25
字　　数：200 千字
书　　号：ISBN 978-7-5443-4963-5
定　　价：39.80 元

推荐序

如何才能得到真正的快乐

文/海涛法师（生命电视台台长）

能为心师，则得安乐。

在《宝云经》里，除盖障菩萨问佛陀："如何才能得到真正的自在、快乐？"佛陀并没有直接回答方法如何，倒是要菩萨先去思考心的状态、作用与功能。

对于心的状态，身为凡夫的我们是再熟悉不过了。今天喜欢着某人，改天也许就不喜欢了，过去肯花时间等候的甜甜圈，没有新鲜感后就不愿意再排队；明明现在感到新奇、有趣的事，没过多久就又觉得了无新意、枯燥乏味。面对随时都可能改变的人心和事物，我们却常在当下坚持要强做主宰。如此的心，使得我们的认识错谬、颠倒。不仅如此，心念的活动就像下雨一样，一滴接着一滴，没有间断。光是观察这些念头就十分累人，何况是在生活上去跟着它跑、跟着它转呢？

不受控制的心，其造作的结果使我们产生负面的心态，进而制造许多不善的业，让我们的来世沦落到恶劣的环境。那样的处境没有多少思考的空间，只会使得修行更加困难。狂放不羁、随时跟着环境而转的心，对我们实在没有任何好处。有些人执着于外在物欲的追求，却失去了内心的自由和安宁，实在是非常不值得的事！如果能善加控制自己的心念，这颗听话的“好”心就可以帮我们很多忙，让我们即使生活困顿，仍然能拥有自在的心情，享受人生中的闲情逸致。唯有停止制造心灵垃圾，才能避免一大堆麻烦，带给我们真正的喜悦。要获得安乐，就必须从心出发。

佛陀“不随于心，能为心师”的教导，传承千百年至今，一直是修行者努力修学的准则。在当代能够统御心而有所成就的法师里，咏给·明就仁波切即是其中的代表人物之一。他不仅是一位心师——心灵导师，在本书里也告诉我们如何训练自己成为“心师”——心的主人。

作者依据传统根、道、果的修行次第来编排此书。第一部分“根”篇，从认识“心”开始，提供了一些西方心理学研究的成果，帮助我们从不同于传统佛法的角度来深入认识心的作用。由于咏给·明就仁波切是实修出身，因此在叙述抽象概念和理论之余，也让我们练习观察心是如何自然单纯地呈现其本来面目。这是空性的体验，是大手印（Mahamudra）[①] 教法的特色。

---

① 梵文，也译为“大印”。

佛法修行的核心的确是心。了解这一点，才算是踏入修行的开始——“道”，即本书的第二部。心是我们修行路上的重要伴侣，要使心一路上安稳且忠诚地陪伴我们，必须花时间训练、锻炼心。而锻炼心的方法，唯有禅修。禅修有许多种方式，书中也枚举了一些方法，从中不难看出咏给·明就仁波切要学习者多去体会修止的心法，掌握禅修的要诀。

修心之目的，最主要还是在于彻底转化我们的心念、思想，进而以慈、悲来保护自己，善待众生。因此，作者也提到慈心与悲心的培养是禅修的重点。若能以一颗调伏、温驯的心为基础，运用它来生起其他德行就容易多了。慈悲是修行者最大的财富，心存慈悲者比缺少慈悲者的心更柔和、更懂得付出与宽容。

最后的成“果”，则说明一切正确无误的努力，只会导致一个目标——究竟的喜乐。平静是真正的快乐，这透过见到实相与根除烦恼所获得。不管结果如何，所花费的时间、心力都会带给我们极大的利益，这是一项非常值得投资的菩萨事业。

咏给·明就仁波切相貌庄严，而且年轻有活力，弘法更是辩才无碍。**此书行文轻松活泼，所述故事生动幽默，更重要的是，处处有着他充满智慧的慈悲话语，慈心与悲心正是成就者外在的显露。**咏给·明就仁波切实为幽默智慧的转世大成就者，由衷祝福他的弘法事业顺利！也祈愿所有众生，于心得自在，于法得自在！

目录

第一部　我们为何不快乐

一切有情众生，

包含我们自己在内，已经具有证悟的根本因。

——《解脱庄严宝鬘》——

| 第一章 |

旅程的起点

如果有任何能够因应现代科学需求的宗教，那可能就是佛教了。

——阿尔伯特·爱因斯坦

如果你是受过训练的佛教徒，那么你就不会把佛教当作一种宗教，而会把它当作一门学科，一种通过技巧探索自身经验的方法。这些技巧让你能以非批判性的方式检视自己的行为和反应，而这些见解能让你逐渐认清："哦，原来我的心就是这样运作的！我必须这样做才能体验到快乐，不那么做才能避免痛苦的产生。"

基本上，佛法是非常实用的。佛法告诉我们要从事能够使人平静、快乐和自信的事，避免会引发焦虑、绝望和恐惧的行为。**佛法修持的重点，并不在于刻意改变想法或行为，以使自己成为更好的人，而是要认识到，无论你如何看待影响自己生命的那些遭遇，你原本就是良善、完整，且圆满具足的。**佛法修持是去认出自心原本具有的潜能，换句话说，佛教注重的并不是让自己变得更好，而是认识到此时此刻的你就如你自己一直深切期望的一样，是完整、良善，且本质上是完好健全的。

你不相信，是吧？

其实，有很长一段时间我也不相信。

首先，我想坦白告诉大家一件事。从童年开始，恐惧感和焦虑感就不断困扰着我。每当身处陌生人群之中，我就会心跳加速，冷汗直流。这种状况发生在一位转世喇嘛身上似乎很奇怪，因为转世者累世以来不是已经累积了许多善根[①]善行吗？可当时我所经历的不安却毫无理由可言。我住在一个美丽的山谷，身边围绕的都是亲爱的家人、男女出家众，还有那些致力于学习如何唤醒内在平静与喜乐的人。然而，焦虑感却与我如影随形。

大约6岁时，我的这种状况才开始有所缓解。在孩童好奇心的促使下，我开始爬上村落附近的山巅，探索历代佛法修行者终生禅修的各个山洞。有时我会爬进山洞假装自己在禅修。当时我对禅修一窍不通，只是坐在那儿，心里不断持诵“唵嘛呢叭咪吽”——这是几乎所有的藏人，无论佛教徒与否，都耳熟能详的密咒。有时我一坐就是好几个小时，心里不断默念这个密咒，虽然我并不了解自己在做什么。但即使如此，我还是开始感受到一股平静感悄悄潜入心中。

接下来三年，我就经常在山洞中静坐，试图搞清楚到底该如何禅修。但是，焦虑感仍然持续增强，到最后演变成可能是西方

---

① 善根，gewa，藏文意指能赐予力量或增强力量的事物，常译为“善”。

医学所说的恐慌症。祖父是一位伟大的禅师，但不愿公开自己的成就。有一阵子，他随意地给了我一些简单的教导。我的父亲是祖古·乌金仁波切，后来我终于鼓起勇气，请母亲代我向父亲提出请求，让我正式跟随他学习。父亲答应了，于是在接下来三年之中，他教导我各种不同的禅修方法。

一开始我其实并不十分明白，我努力试着依照父亲所教导的方法安住自心，但我的心就是无法安住。事实上，在正式修学的最初那几年，我发现自己的心竟然比以往更加散乱。让我心烦意乱的事情不计其数：身体的不适、背景的声响，以及和他人的冲突等。多年之后我才逐渐明了，当时的我其实并没有退步，而是变得更具觉知，更能察觉到念头与感官知觉之流相续不断地来去，这是我过去不曾认出的。看到其他人也经历同样的过程时，我终于了解，这是初学者以禅修方法审视自心时大多会有的经验。

虽然我开始有一些短暂的平静体验，但恐惧和忧虑却依然如鬼魅般纠缠着我。尤其是在那段时间，我每隔几个月就会被送到印度的智慧林和一群陌生同学一起跟随新老师学习，然后再被送回尼泊尔，继续向父亲学习。智慧林是第十二世泰锡度仁波切的主座，而泰锡度仁波切是藏传佛教当代最伟大的大师之一，也是对我影响最深的老师之一。他深广的智慧和恩德引导了我成长，我实在无以回报。我就这样在印度和尼泊尔之间来来去去将近三年时间，接受父亲和智慧林老师们的正式指导。

12 岁生日前不久，最恐怖的时刻终于来临了！我被送到智慧林去完成一个特别的仪式，也是我长久以来最最担忧的一件事：以第一世咏给·明就仁波切转世者身份正式升座的坐床典礼。与会者有好几百人，而我明明是个吓得要死的 12 岁小孩，却得像个大人物般，在那里连续坐好几个小时，接受大众的供养，并给予他们加持。好几个小时就这样过去了，我的脸色愈来愈苍白，站在身边的哥哥措尼仁波切（Tsoknyi Rinpoche）以为我就要昏倒了。

回顾这段时光，想到老师们对我的仁慈，我实在不明白自己当时怎么会如此恐惧。现在分析起来，我当时的焦虑其实是因为我还没有真正认识自心的真实本性。虽然我对自心本性已经具有知识性的了解，但缺乏直接的体验；**唯有对自心本性的直接体悟才让我真正明白：任何的不安和恐惧只不过是我自心造作的产物，而自心本性不可动摇的宁静、信心和喜乐，其实比自己的眼睛更贴近自己。**

在我开始正式修学佛法的同时，一些奇妙的机缘也随之而来。虽然当时我并不知道这些新发展对我的生命会产生深远影响，并将加快我个人成长的速度——我开始慢慢接触到现代科学的观念和新发现，尤其是关于大脑的构成及工作原理方面的研究。

心的交会

我们必须经历这个过程，那就是真的坐下来检视自心，检视自己的经验，才能看清楚到底是怎么一回事。

——卡卢仁波切（Kalu Rinpoche），《口传宝集》

认识弗朗西斯科·瓦雷拉（Francesco Varela）时，我还是个小孩子。他是一位智利籍生物学家，后来成为 21 世纪最知名的神经科学专家之一。当时我父亲的名声已吸引了不少西方学子，因此弗朗西斯科・瓦雷拉也来到尼泊尔，跟随我父亲学习佛教审视自心的方法。在课后或修持的空当，他常会跟我谈论现代科学，尤其是他专精的大脑结构与功能领域。当然，他在讲解时，会顾及到一个9岁孩子的理解能力。父亲的其他西方弟子知道我对科学有兴趣后，也纷纷把他们所知道的生物学、心理学、化学和物理学等现代理论传授给我。这有点像是同时学习两个学科：一种是佛法，另一种是现代科学。

我还记得，当时我就觉得这两者之间并没有多大差异。语言的表达方式虽然不同，但意义似乎非常接近。不久之后我发现，科学家与佛学家探讨问题的方法非常类似。传统佛教经典通常先提出所要检验的理论基础或哲学基础，也就是“根”；接下来再提出种种修持方法，也是一般所称的“道”；最后以个人实验结果的分析，以及进一步研究的建议作为结论，这通常称为“果”。科学的研究架构也很类似，首先提出理论或假设，接下来解释验证理论的方法，最后提出实验结果，并和原先所提假设之间的异同作比较分析。

同时学习现代科学和佛法修持最吸引我的地方是，佛法教导人们以一种内审或主观的方法，明了自身具足获得快乐的能力；而现代科学则以一种较为客观的方式解释这些教法“为什么”有用，以及“如何”运作。佛教与现代科学对人心的作用各有卓越的见解，两者并用，可以更为清晰完整。

往返印度与尼泊尔的学习接近尾声时，我得知智慧林即将举办一期三年的传统闭关课程，闭关指导上师是萨杰仁波切（Saljay

Rinpoche）。萨杰仁波切是藏传佛教界公认最有成就的前辈大师之一，也是我在智慧林最主要的老师之一。他温和仁慈、声音低沉，拥有一种神奇的能力，总是能在最恰当的时间说出最对的话，做出最对的事情。我相信你们必定也曾遇见过这种人，他们总是能够让你在无形中学到异常深刻的法教，而他们本身的风范就令人高山仰止，受益终生。

因为萨杰仁波切年事已高，这可能是他最后一次指导闭关了，因此我真的很想参加。但那时我才 13 岁，一般都认为这个年纪还太小，无法承受闭关三年的严苛考验。我恳请父亲出面帮我请求，最后泰锡度仁波切终于允许我去参加这次闭关。

在描述这三年的经验之前，我认为需要先花一点时间跟大家说说藏传佛教的历史，这也有助于说明我为什么如此急于参与闭关课程。

传承的重要性

概念性的知识是不够的……你必须拥有源自亲身体验的确信。

——第九世嘉华噶玛巴[①]，《大手印：了义海》

我们所称的“佛教”，也就是直接探索心及修心的方法，源自一位名为悉达多（Siddhartha）的印度贵族青年所给予的教导。生长

① 第九世嘉华噶玛巴，The Ninth Gyalwang Karmapa，藏传佛教噶举派传承的法王。

于权贵之家的悉达多王子发现，并不是每个人都像他一样拥有锦衣玉食的生活。亲眼目睹人们所经历的种种可怕的苦难之后，他毅然放弃家庭的安全和舒适，而去寻求解除人类痛苦的方法。痛苦的形式很多，从挥之不去的"'要是'生命中这件事不是这样，我就会比较快乐"的轻声埋怨，到病痛以及对死亡的恐惧，全部都是。

悉达多后来成为一位苦行僧，游走于印度各地拜师学习。这些老师都声称已经找到悉达多寻求的答案，然而他们所给的答案和所教导的修持法，似乎没有一个是真正圆满的。最后，悉达多完全放弃外在的寻求，决定从痛苦的源头追寻解脱痛苦的方法。这时他已经开始怀疑，问题的本源就在自己的心里。他坐在印度东北部比哈尔省菩提迦耶的一棵树下，深入自己的内心，矢志找到他所追寻的答案，否则绝不罢休。就这样昼夜不停地过了许多天之后，悉达多终于找到他所寻求的不变、不灭、广大无垠的根本觉性。从这甚深的禅定境界中起座之后，他再也不是原来的悉达多了，他成了佛。在梵文中，"佛"是对"觉醒者"的称呼。

佛陀体悟的是自己本性的一切潜能，而这潜能先前却被二元观限制住了。所谓的二元观，就是认为有某个独立存在、原本真实的"我"，和某个也是独立存在、原本真实的"他"，两者是分离且对立的。如同稍后我们会深入探讨的二元观并不是一种"性格上的瑕疵"或缺陷，而是根植于大脑的一种复杂生存机制，但与其他机制一样，是可以通过经验而改变的。

运用向内审视的功夫，佛陀认清了这种改变的能力。接下来四十年，错误观念究竟如何深植于心中以及如何斩断它们，即成为佛陀游历印度教学的主题，并吸引了成百上千位弟子。两千五百多年之后，现代科学家经过严谨的临床研究，显示佛陀通过主观审视所领悟的见解竟然异常精确。

由于佛陀所领悟及感知的境界远远超过一般人对自身及实相本质的认识，因此，就像他之前和之后的大师一样，佛陀也不得不以寓言、举例、谜题和隐喻等方式来传达他所了解的一切。换句话说，他必须使用言语。这些法教最后以梵文、巴利文（Pali）及其他语言记录下来，但也一直以口耳相传的方式，一代接一代地流传下来。为什么呢？因为当我们听到佛陀，以及追随他而获得相同解脱的大师们所宣讲的话语时，我们一定会去思考这些话的意义，然后把这意义运用在自己的日常生活中。当我们这么做的时候，会让脑组织作用发生改变，让我们达到佛陀所体验的相同解脱，为自己创造机会，去体验佛陀所体验到的自在。这些我们会在稍后的篇章加以讨论。

佛陀涅槃后几个世纪，他的法教开始传到包括西藏在内的许多地区。西藏因地理位置偏远，长期与世隔绝，恰好提供了历代师徒能致力于学习和修持的绝佳环境。那些已证悟成佛的西藏大师们将毕生所学传授给最具潜力的弟子，之后这些弟子又将这智慧传授给自己的弟子，于是在西藏建立了一个以“经”（以佛陀早期弟子忠实记录下来的佛陀言教）、“论”（阐释经典的论著）为基础不间断的法教传承。然而，**藏传佛教传承的真正力量，在于上师和弟子之间心与心的直接联结。上师将传承的法教精髓以口传而且往往是以秘密口传的方式传给弟子，这个方法让法教得以如此纯粹而有力。**

由于西藏许多区域都被山峦、河川和山谷层层阻隔，也使得历代大师与弟子们往来不便，难以彼此分享所学，不同区域的法教传承因而产生些许不同的演变。目前藏传佛教主要分为四大教派：宁玛[①]、萨迦（Sakya）、噶举[②]与格鲁（Gelug）派。尽管这四大教派是在西藏不同区域、不同时期形成的，但各派的基本教理、修持和信念却是一样的。据我所知，四者之间的差异主要在于名词术语，以及学理与修持方法上的细微差别，就如同基督教新教各派之间的情形。

宁玛派是四大教派中最古老者，创立于公元 7～9 世纪初期的藏王统治时期。藏文中，“宁玛”一词可大略翻译为“古老的”。不幸的是，西藏末代君王朗达玛（Langdarma）因为政治与个人原因，开始以暴力镇压佛教。公元 842 年，朗达玛遭人刺杀身亡。虽然他的统治只有短短四年，但在他死后近一百五十年里，早期的佛法传承却一直停留在类似“地下活动”的状态。西藏在这个时期也经历了重大的政治变革，最终重组为一些分立而松散联盟的封建领地。

这些政治变迁提供了某种机会，让佛法慢慢地重新扩展它的影响力。印度大师们千里迢迢来到西藏，而有心学习的学生也不畏艰苦横越喜马拉雅山脉前往印度，直接受教于印度佛教大师。在这个时期，噶举派首先在西藏扎根。藏文“噶”（ka），可略译为“言语”或“指示”，而“举”（gyu）的原本的意义是“传承”。**口传是噶举传承的基础，上师将法教以口耳相传的方式传授给弟子，因此让法教的传承得以保存无与伦比的纯粹。**

---

① 宁玛，Nyingma，藏文可略译为“旧有的”，特别指的是藏传佛教最古老教派“宁玛派”，约于公元 7 世纪时创立。

② 噶举，Kagyu，藏传佛教四大教派之一，上师以口传的方式传授教法给弟子。

噶举传承起源于公元10世纪的印度，当时有一位潜能已臻至完全正觉境地的帝洛巴大师。帝洛巴所达到的深刻证悟，以及他达到这些证悟所运用的修持方法，历经师徒相传数代之后，传到了冈波巴大师。冈波巴是一位杰出的藏人，他放弃医生一职，转而追随佛陀的法教，最后将毕生所学全部传授给四位最具潜力的弟子，这四位弟子又在西藏不同区域各自创立了学派。

四位弟子之一的杜松·虔巴（Dusum Khyenpa）创立了今日所称的噶玛噶举（Karma Kagyu）传承。“噶玛”源于梵文的“karma”，可略译为“行动”或“活动”。在噶玛噶举传承中，记录在一百多部典籍里的学理与实修全套法教，就是由这位名号“噶玛巴”的传承上师亲自口传给少数几位弟子的。其中有些是为了将法教完整传给下一世噶玛巴而不断转世者，借此保存并保护一千多年来一直以清净形式流传下来的无数教诫。

第十六世噶玛巴于1981年圆寂之前，将这整套珍贵的法教传给了几位主要弟子，也就是所谓的“心子”①，赋予他们将法教传授给下一世噶玛巴的大任；同时也嘱咐他们要将整套法教传给几位卓越的弟子，以确保法教能够完整地保存下来。第十二世泰锡度仁波切是第十六世噶玛巴最重要的心子之一。他认为我是一位具有潜力的弟子，因此促成我前往印度，追随智慧林里的几位大师学习。

前面我已经提到过，各个教派之间的差别其实并不大，通常只是名相与学习方式有少许不同。例如在教导心的本性时，宁玛派所

① 心子，heart sons，佛法大师的主要弟子。

用的名相是“卓千”[①]，藏文意义是“大圆满”，我父亲和我后来的几位老师都被公认是这个传承中成就非凡的大师。而噶举传承，也就是泰锡度仁波切、萨杰仁波切以及智慧林诸位老师修学的主要传承。关于心的本质的法教总称为“玛哈木札”（mahamudra），可大致翻译为“大手印”。这两套教法之间的差异很小，最大的区别也许在于，**大圆满法教着重深入了解自心本性的“见解”，而大手印教法则偏重有助于直接体验心的本质的“禅定实修”。**

在这个遍布飞机、汽车和电话的现代世界中，老师和弟子们可以方便地到处旅行，过去不同教派之间可能存在的各种差异也不再明显。然而，有件事却一直没有改变，那就是到精通法教的大师那里得到“直接传续”的重要性。通过与大师直接接触，某种珍贵异常的东西会直接传过来，仿佛某种活生生、会呼吸的东西从大师的心传到弟子的心一样。在三年闭关课程中，上师就是以这种方式将法教传给弟子，这或许就是我如此急于加入智慧林闭关的原因。

会见我心

了悟心的意义，即了悟了一切。

——蒋贡·康楚·罗卓泰耶（Jamgön Kongtrul），《要点提纲》

我很希望能够告诉大家：当我到智慧林安顿下来，加入其他三

---

① 卓千，dzogchen，或译“佐钦”“左千”，指大圆满禅修。

年闭关者后，一切就开始好转了。然而，事实却正好相反，闭关第一年是我生命中最凄惨的一年。所有我曾经历过的焦虑症状，如身体紧绷、喉头紧缩、眩晕，以及团体共修时特别强烈的阵阵恐慌感，全面袭来。按照西医的说法，我得了精神崩溃症。

我现在会说，我当时所经历的，其实应该叫作“精神突破”。在闭关期间，因完全不受日常生活干扰，我发现自己处于一种必须直接面对自心的状况。当时，我的心可不是日复一日乐于我所见到的美景，时间一天天过去，我所见到的心与情绪景象似乎变得愈来愈恐怖。闭关第一年接近尾声时，我终于觉悟到，我必须做一个抉择：在接下来的两年当中，我是要继续躲在自己的房间里，还是真正接受父亲及其他老师所教导的真理——不论我所经历的问题是什么，那都只是根植于我自己心中的想法和感知的习性。

我决定遵循他们的教导。连续三天，我待在自己的房间里，运用本书稍后会叙述的许多技巧禅修。渐渐地，我开始认识到困扰我多年的那些念头和情绪，其实是脆弱且刹那即逝的，也认识到执着于小问题会如何把小问题变成大问题。只是这样静静地坐着，观察念头和情绪如何迅速且经常不按逻辑地来来去去。我开始“直接”认识到，念头和情绪并不像表相上看起来那样具体或真实。一旦我不再相信它们告诉我的故事之后，我开始见到背后的“作者”——无垠广阔、无限开放的觉性，也就是心的本性。

试图以言语捕捉自心本性的直接体验，根本是不可能的事。我们顶多可以说，这种体验无比平静，经过重复体验而逐渐稳固之后，几乎就不可动摇了。这是通过一切生理、情绪和心理状态而散发出来的一种绝对安好的体验，甚至连一般可能视之为不愉悦的状态也都如此。这种安好的感觉不受内外经验的变化影响，是了解佛教徒所说的“快乐”的最明确的方式之一。我很幸运，能在独处的那三天之中瞥见它。

三天之后，我走出自己的房间，重新加入团体共修。继续专心禅修两个星期之后，我总算克服了自幼如影随形的焦虑感，并且通过直接体验，领悟了上师所教导的真理。从此以后，我的恐慌症再也没有发作过。而此次体验所产生的平静、自信和安好的感觉，即使在一般认为压力很大的情况下，也不曾动摇过。我所经历的这种转化并不是我个人的功劳，我只是努力地直接运用前人传下来的真理而已。

出关时我 16 岁，出乎意料，泰锡度仁波切竟然任命我为下一期的闭关上师，而下一期闭关很快就要开始了。不到几个月时间，我又回到了闭关房，教导噶举传承的前行和进阶修持法门（preliminary and advanced practices，编按：即“共与不共法门”的修持），引导新来的闭关修行者进入我直接领受传续的同一法脉。当时我虽然是闭关上师，但对我来说，这其实是一个非常珍贵的机会，让我能够密集地闭关修持将近七年时间。这一次，我不再惊惧不安地躲在自己的小房间里了。

第二次闭关接近尾声时，我的父亲建议我到智慧林附近的宗萨佛学院（Dzongsar Monastic College）就读一年，泰锡度仁波切也欣然同意了。宗萨佛学院院长是堪千·贡噶·旺秋（Khenchen Kunga Wangchuk），他是一位大学者，在此不久前，才从西藏抵达印度。我很幸运地能够在他的直接指导下，深入学习佛教哲学和佛学。

传统佛学院的学习方式和大部分西方大学不一样。在佛学院，学生不能选课，也不能坐在舒适的教室或讲堂里，听取教授对特定科目的意见和解释，或写论文、考笔试。佛学院学生必须按规定研读众多佛教典籍，而且几乎每天都会有“抽考”。老师会从装满学生名字纸条的瓶子里抽出，被抽到名字的学生必须立刻评论某部经典中某个章节的意义。我们的“考试”有时是撰写所学典籍的评论，有时则是公开的辩论。在这种辩论中，老师们随机点选学生，针对微妙的各种佛法义理，以无法预料的问题来挑战学生，要求学生给出精确的答案。

我在宗萨佛学院读书快满一年时，泰锡度仁波切要开始进行全球巡回讲学，因此将寺院的管理工作委托给我，让我在他的指导下监督寺院的日常活动。此外，他也要我负责在寺院里重新开办佛学院。在新佛学院，我除了要进修之外，也必须以助理教师的身份从事教学。后来，他又指示我要带领智慧林接下来几期的三年闭关。由于他对我恩重如山，我毫不犹豫地接受了。既然他相信我能完成这些任务，那我有什么理由怀疑他的决定呢？幸好我活在一个有电话的时代，可以通过电话直接得到他的教导和指示。

四年就这样过去了，我一边监督智慧林寺务，一边在新佛学院中完成学业、从事教学，并给予闭关学员口传指导。这四年即将结束时，我去了不丹，接受纽舒堪仁波切（Nyoshul Khen Rinpoche）的直接口传教授。纽舒堪仁波切是大圆满教法的大师，拥有非凡的洞见、体悟和才能。我从仁波切那里领受到殊胜的“Trekchö”和“Tögal”的口传法教，这两个法可略译为“本净立断”和“任运顿超”（primordial purity and spontaneous presence）。这些法教一次只传给一位学生，我有幸能够被选上领受这些法教的直接传续，也感到受宠若惊。也因为如此，我由衷地认为纽舒堪仁波切和泰锡度仁波切、萨杰仁波切，以及我父亲是我生命中对我影响最深远的老师。

我领受这些甚深口传教授的同时，也间接接受了异常珍贵的一课——我们为利益他人而做的努力，不论程度多少，都会得到千倍回报的学习和进展机会。**当身边有人情绪低落时，你所说的每一句仁慈的话语，所给予的每一个亲切的微笑，都会以一种意料不到的方式回报到自己身上。**至于这种情况是如何产生及为何产生的问题，我们稍后再来看看，因为这与我开始走访世界各地，并与现代科学大师们有了更直接的共事后，所学习到的生物学和物理学原理有很大关系。

来自西方的亮光

一把火炬就能驱散千劫累积的黑暗。

——帝洛巴，《恒河大手印》

第一次闭关结束后那几年，由于我的行程排得满满的，因此没有什么时间去注意神经科学及认识研究相关领域的新发展，或充分了解已进入主流研究的物理学新发现。然而意想不到的事情发生了，1998 年成为我生命中的一个转折点。那时，我哥哥措尼仁波切原本安排好到北美讲学，但他无法前去，于是我被指派代他前去。这是我第一次远到西方访问，那年我23岁。不过，搭机前往纽约时，我万万没有料到，此行所遇见的人将会对我未来多年的思考方向产生重大的影响。

他们慷慨拨出时间，还提供给我堆积如山的书籍、论文、DVD和录像带，为我介绍现代物理学的概念及神经科学、认识与行为科学研究的最新发展。我非常兴奋，因为关于佛法修持成效的科学研究已经如此丰富且深入，最重要的是，像我这样没有受过专业科学训练的人也都能够理解。而且，由于我当时的英文程度并不好，所以对于那些付出许多时间、用我能理解的字眼来解释这些知识的人，我非常感激。比如说，藏文中并没有“细胞”“神经元”① 或“脱氧核糖核酸（DNA）”这类名词，他们翻来覆去地用尽所有可能的字眼帮助我理解这些观念，很像一场复杂的语言大混战，所以经常都以捧腹大笑收场。

当我忙于进出闭关学习之际，我的朋友弗朗西斯科·瓦雷拉一直都在安排现代科学家与佛教僧人、学者之间的对话。这些对话后来逐渐发展为一系列的“心与生命学会”研讨会。在研讨会上，现代科学及佛学研究各领域的专家们聚在一起，交换对心的本性和作用的见解。我很幸运能够参加2000年3月在印度及2003年在美国麻省理工学院所举行的两次研讨会。

在印度举行的那次研讨会中，我学到很多关于心的生物机制的知识。但是直到麻省理工学院那次研讨会时，我才开始考虑要如何将自己修学多年的心得，介绍给那些可能对佛法修持或现代科学的

① 神经细胞。

复杂性不熟悉的人。麻省理工学院那次研讨会的重点是，佛教探讨“经验”的内审方法和现代科学客观方法之间的相关性。

事实上，随着麻省理工学院这场研讨会的进行，问题开始浮现了：将佛教和西方研究方法结合在一起会出现什么情况呢？把受过如何详细描述个人主观经验的人所提供的信息和能测量大脑活动细微变化的机器所提供的客观数据结合起来，我们可能学到什么？佛法修持的内审方法能够提供西方科技研究无法提供的信息吗？临床研究的客观观察又能提供给佛法修持者什么呢？

研讨会结束后，与会的佛教界人士与西方科学成员一致认为，寻求合作的方式不仅使双方都能获得极大利益，而且这种合作本身也代表改善人类生命品质的一大契机。麻省理工学院分子生物学教授兼基因研究中心怀贺学院院长艾瑞克·蓝德博士（Eric S.Lander，Ph.D）在闭幕演说中指出，**佛法修持强调如何让心达到更高层次的觉性，现代科学却只是把重点放在如何让精神病患恢复到正常状态。**

“为什么停留在那里？”他问听众，“为什么我们只满足于没有精神病？为何不去追求更健康、更美好的境界？”

蓝德博士的问题让我认真思考如何创造一种方式，让人们有机会将佛法和现代科学结合所得到的启示，运用在日常生活所面对的难题上。就如同闭关第一年我由困顿中领悟到的：**单靠理论上的了解，并不足以克服制造日常生活各种伤痛和烦恼的心理与生理习性，只有通过修持，将理论付诸实践才能真正转化。**

我深深感谢我的佛法老师们，他们在我早年修学期间教导我如此深奥的哲学见解和实际运用方法。我也同样感谢那些慷慨付出时间、精力的科学家们，因为他们将对西方人来说唾手可得的科学知识，以我能够理解的语言介绍给我，帮助我学习；我也非常感激他们通过广泛的实验研究，证实佛法修持的效果。

我们幸运地生活在人类历史上的这个特殊时代，西方科学家与佛学家通力合作，为全人类提供达到超乎想象的可能方法。我撰写本书的目的，就是希望每位读者都能认识到运用这种卓越合作所得到的实际利益，进而将自己的潜能完全体现出来。

| 第二章 |

内在的交响乐

许多“组件”的聚集，产生了车乘的概念。

——《相应部》(*Samyuttanikaya*)

身为佛教徒，我最先学到的道理之一，是有情众生[①]——即使是只具有基本觉性的生物，都具有三种基本的面向或特征：身[②]、语[③]、心(编按：传统中文佛教习惯用语为“身、语、意”，本书因应作者的用法，将“意”全部改为“心”，意义相同)[④]。所谓的“身”，指的当然是我们存在的形体部分，身不断地变化——出生、成长、患病、衰老，最后死亡；“语”不仅指说话能力，还包括我们用来

① 具有思考或感受能力的任何生物。

② 所谓“存在”的生理现象。

③ 一种存在的面向，涉及以言语或以非言语的沟通。

④ “存在”的一种跟心识有关的面向。

交流的各种信号，例如声音、语言文字、姿势、表情，甚至信息素，或称为“外激素”，或音译为“费洛蒙”，是哺乳类动物所分泌的一些化学复合物，能够对其他哺乳类动物的行为和发育产生微妙的影响。“语”和“身”一样，都是一种无常的经验，我们透过言语和其他信号所传达的信息不断来来去去，而当身体死亡时，“语”的能力也随之消失。“心”则比较难以形容，它不像“身”或“语”那样，是某种容易辨认的“东西”。无论我们如何深入研究生物的此一面向，都无法真正找到任何可以称为“心”的明确物体。成百上千的书籍和文章都试图描述这难以捉摸的东西，然而，无论我们花费多少时间、精力，企图确认“心”是什么、“心”到底在哪里，却没有任何一位佛教徒，也没有任何一位西方科学家能够下定论说：“啊！我找到‘心’了！它就在身体的这个部位，看起来像是这样，是这样运作的。”

经过几世纪的研究，我们顶多只能确定“心”没有形状、外观、颜色，没有特定的位置（如心脏或肺脏的位置），没有系统（如循环系统），更没有功能范围（如新陈代谢的调节范围）等具体特质，可以让我们将它归入特定的基本生理层面。像“心”这样难以定义的东西，要是能说它根本不存在，那事情就简单多了！要是能把“心”纳入鬼魅、精灵或仙女那类虚幻事物的世界，那事情也简单多了！

但是，又有谁能够真正否认“心”的存在呢？我们能思考、有感觉，能辨认的是自己的背在痛或腿麻了，我们知道自己是疲倦还是精力充沛，是快乐还是悲伤。无法精确指出某个现象的位置或定义某个现象，并不表示这个现象不存在。这只表示，我们累积的资讯还不够，因此无法提出某种可行的办法。打个简单的比方，科学对“心”的了解和我们对电力这类东西的接受性，两者有什么不同？使用电灯开关或电视，并不需要对电路或电磁有深入的了解。电灯不亮了，你就换灯泡；电视不能看了，就检查一下电缆或卫星连线是否接触不良。你也许得将烧坏的灯泡换掉，也许得把电视与机顶盒或卫星接收器之间的接头拧紧，或把烧坏的保险丝换掉。再不行，就打电话叫技术人员。但是这些行动都依据一项根本的了解或信心：电力是有作用的。

“心”的运作也类似这样。现代科学已经能够辨识出许多形成智能、情绪和感官知觉等心智作用的细胞结构及其形成过程，但是，这些实在都还不足以确认“心”到底由什么所构成的。事实上，科学家们对“心”的活动的研究愈精细，就愈接近佛法对“心”的理解——“心”是一种不断的活动，而不是一个明确的实体。

早期佛教经典的英文翻译，试图将“心”认定为超越当代科学理解范围的一种独特“事物”或“东西”。这些翻译上的不当，源于西方早期的假设，认为所有经验最后应该都和某方面的物理性功能有关。近年来，对经典的诠译则比较接近现代科学对“心”的概念，也就是说，“心”的活动，通过当下经验中不可预测因素与神经元惯性之间的互动而不断进行。

佛教徒和现代科学家都认为，有情或有意识的生物因为具有“心”，所以不同于草或树之类的其他有机体，当然更不同于那些我们不认为有生命的东西，例如石头、糖果纸或水泥块。基本上，“心”是一切有情生物最重要的面向。连蚯蚓也具有心，虽然蚯蚓的心不像人类的心那样微妙和复杂。不过，简单可能也有优点，我可从没听过有哪条蚯蚓因为担心股市而整夜失眠的。

佛教徒与大多数现代科学家认同的另一个论点是，“心”是有情众生本质中最重要的层面。“心”有点像是操作木偶的师傅，而身体和构成“语”的各种沟通形式，则像是木偶师傅手中的木偶。

你可以自己测试一下“心”所扮演的角色：搔一搔自己的鼻子，到底是什么认出了痒的感觉？身体本身能够认出痒的感受吗？是身体指挥自己举起手来搔自己的鼻子吗？身体真的有能力区别痒的感受、手和鼻子吗？再以口渴为例，口渴时，是“心”首先认出口渴的感受，催促你去要杯水，指挥手接过杯子，递到嘴边，并告诉自己喝下去，最后，感受到生理需求获得满足的、愉悦的也是“心”。

虽然我们看不到“心”，但是“心”一直都存在，且不断在活动。“心”是我们辨认不同事物的能力来源，由于有“心”，我们才能够辨别建筑物与树木的不同、雨和雪的不同、无云晴空和乌云满天的不同。由于拥有“心”是经验的基本条件，所以大部分人把它视为理所当然。我们不会特意问自己，到底是什么东西在想着：“我想吃，我想走，我想坐下。”我们也不会问自己：“心到底是在身体内，还是超越身体？心是否从某处生起，存在某处，然后止于某处？心有形状或颜色吗？心是否真的存在，或者只是脑细胞基于长期累积的习性而产生的随机活动？”不过，如果我们真的想消除日常生活中经历的各种痛苦、烦恼和不安，并且彻底领会具有心的意义，那么，我们就必须尝试去观察自己的心，辨认它的主要特征。

这个过程其实非常简单。只是一开始时好像很困难，那是因为我们已经习惯于观看充满了有趣事物和经验的“外在”世界。观看自心有点像是在不用镜子的情况下，试图看到自己的后脑勺。

现在，我要做个简单的小测验，示范用一般的理解方式去看待“心”时所产生的问题。别担心，你不会被淘汰，也不需要准备 2B 铅笔作答。

测验是这样的：下次当你坐下来吃午餐或晚餐时，问问自己：“到底是什么在思考这食物好吃或不好吃？是什么在识别吃的动作？”第一时间的答案很明显应该是：我的头脑。但是，实际以现代科学的角度去看大脑时，我们会发现答案并没有那么简单。

大脑内到底是怎么一回事？

一切现象都是心的投射。

——第三世嘉华噶玛巴，《大手印祈愿文》

倘若我们想要的只是快乐，为什么需要了解大脑呢？为什么不能只想一些快乐的念头？或想象自己的身体充满了愉悦的白光？或在墙上挂满可爱的小白兔或彩虹图片呢？嗯，也许吧……

不幸的是，试图检查自心时，我们会面临一些重大的障碍，其中一项是根深蒂固且往往是没有意识到的观念：觉得自己“天生就是这样，无法改变”。我自己小时候就体验过这种悲观、无助的感受，与世界各地的人接触时，我也一再看到这样的心态反映在人们身上。即使我们并非故意这样想，但这种“我无法改变自心”的想法，却阻断了所有尝试的意图。

我和一些利用自我肯定、祈祷或观想来改变的人谈过，他们承认，试了几天或几个星期之后，由于看不到立竿见影的成效，他们往往就放弃了。当祈祷和自我肯定都不管用时，他们就把修心的想法当作是一种行销噱头，将之全盘放弃。

穿着僧袍、顶着响亮的头衔在全球巡回讲学的好处之一就是：通常不可能理会普通人的一些人，都把我当成重要人物，乐意和我交谈。与世界各地的科学家对话时，我很惊异地发现，科学界几乎有一个共识：正因为大脑是如此被建构的，所以大脑的确可以对日常生活的态度产生实质的改变。

过去十年间，我和神经学家、生物学家及心理学家们的对话，让我了解到很多非常有趣的观念。他们所说的内容，有些跟我从小所学的观念有所出入，有些则以不同的角度肯定我所学到的。然而，无论我们是否达成任何共识，我从这些谈话中学到的最珍贵的一课就是：花点时间了解大脑的构造与功能，即使只是部分的粗浅认识，也都能提供更有根据的原则，且有助于从科学的角度来了解我身为佛教徒所学到的技巧“如何”及“为什么”有效。

在我听过的对大脑的比喻当中，最有趣的是加州大学圣地亚哥分校神经科学系系主任罗伯特·李文斯顿医生（Robert B, Livingston，M.D.）所提出的。他在 1987 年“心与生命学会”首次研讨会中，把大脑比喻为“一个和谐且纪律良好的交响乐团”。他解释道，大脑就像交响乐团，由许多组的演奏者构成，通过共同合作而产生特定的结果，例如动作、想法、情绪、记忆和生理感受等。当你看到别人打哈欠、眨眼、打喷嚏，甚至只是举起手臂，尽管这些动作看起来似乎相当简单，但这些简单动作所涉及的参与者数量，以及参与者之间的各种互动，却形成异常复杂的画面。

我最初几次到西方的旅程中，收到了堆积如山的书、杂志以及其他资料。为了更了解李文斯顿医生所说的理论，我必须请人从书海中帮助我了解这些信息。我发现，其中很多资料非常专业。在学习过程中，我不禁对那些立志想做科学家的人和去医学院学习的人相当同情。

幸运的是，我有机会和这些领域的专家详谈，他们把科学术语翻译成我能理解的简易名词。我希望他们也和我一样，从他们所付出的时间和精力中得到很多益处。在这个过程中，不仅我的英文词汇大增，我也从一般人的角度开始了解大脑是如何运作的。当我对关键性细节掌握得更多时，我就愈加清楚地看到：没有佛教背景的人，如果对李文斯顿医生所说的“演奏者”角色和本质有基本的认识，也能理解佛教禅修技巧为什么能在生理层面产生作用及如何产生作用。

我热切地想要从科学的角度了解自己的大脑中到底发生了什么事，让我从一个惊慌失措的孩子转变成一个能在全球到处旅行的人，并且能毫无畏惧地坐在几百名前来听我讲学的人面前。我也说不上来自己为什么这么好奇地想知道长年修持能产生变化的生理原因，而我的老师和同辈们大多对于意识的转化本身已感到满足。或许我在前世曾经是个机械师吧。

让我们再回头看看大脑。用非常基本的“一般人”说法，大部分的大脑似乎是由一群很特别的细胞所构成，这群细胞被称为“神经元”。神经元是非常喜欢交际的细胞，它们很像顽皮的学生，总是不停地在传纸条、说悄悄话，只不过神经元之间的秘密对话，主要是关于感官知觉、动作、解决问题、创造记忆、产生念头和情绪等。

这些活跃的细胞看起来很像树，主干被称为“轴突”，分支则向外延伸，向遍布于肌肉、皮肤组织、重要器官与感觉器官的其他分支及神经细胞传送信息，并接收它们传来的信息。神经细胞通过与邻近枝干之间的空隙传递信息，这些空隙则被称为“突触”①。这些信息以被称为“神经传导素②”的化学分子形式穿流于这些空隙之间，产生了脑电波扫描器（EEG，或称为脑电图仪）能测量到的电子信号。有些神经传导素现在已广为人知，例如对忧郁有影响作用的血清素，跟愉悦感有关的多巴胺，以及面对压力、焦虑和恐惧时就会分泌的肾上腺素（它也和专注力与警戒性有重大关系）。神经元之间电子化学信号传输的科学专有名词是“动作电位”③，这个名词对我来说相当奇怪和陌生，可能跟没受过佛法训练的人听到“空性”时的感受是一样的。

就痛苦或快乐的体验而言，是否认识神经元活动似乎无关紧要，但其中有几个细节却相当重要。神经元彼此联系时，会产生某种类似老朋友之间的连接；它们会养成彼此来回传达同类信息的习惯，就好像老朋友会强化彼此对人、事或经验的判断一样。这样的连接就是所谓“心的习气”的生物基础，类似我们对某类型的人、事物或地方的自动或直接反应。

---

① 突触，synapse，神经元之间沟通的相接空隙处。

② 神经传导素，neuntransmitter，在神经元之间传送电子化学信号的一种物质。

③ 动作电位，action potential，神经元之间信号的传递。

举个很简单的例子，假设我小时候曾被狗吓到，那么我脑中就会产生一组神经元连接，一方面出现恐惧感的生理感受，另一方面则出现“狗好可怕”的观念。下次我再看到狗的时候，同一组神经元就会开始交谈，提醒我：“狗好可怕。”这种状态每出现一次，神经元说话的声音就会愈大，而且愈来愈具说服力，直到这种状态成为一种惯性，让我只要一想到狗就会心跳加速、冷汗直流。

但是，假设有一天我到一位养狗的朋友家拜访。一开始敲门时听到狗在狂吠，接着看到它冲出来在我身上闻来闻去，我可能会感到非常害怕。但过了一会儿之后，这只狗习惯了我的存在，于是跑来坐在我脚边或腿上，甚至还开始舔我，快乐又热情到我简直不得不把它推开呢。

狗的反应是因为它脑中有一组神经元连接，把我的味道与它主人喜欢我的各种感受连接起来，而创造了相当于“嘿，这个人还不错咧！”的模式。同时，我脑中跟生理愉悦感相关的一组新的神经元连接，也开始互相交谈，于是我也开始想着：“嘿，也许狗是和善的！”之后，每次我再去拜访这位朋友时，这个新模式就会增强，而旧的模式则会愈来愈微弱，直到最后我终于不再怕狗了。

以神经科学术语来说，这种以新模式取代旧模式的能力称为“神经可塑性”[①]，藏文则称之为“雷苏容哇”[②]，可略译为“柔软性”。这两个术语都可以用。总之，纯粹从细胞的层次来看，重复的经验

---

① 神经可塑性，neuronal plasticity，能够以新神经元连接来取代旧神经元连接的能力。

② 雷苏容哇，le-su-rung-wa，藏文，指可塑性。

能够改变大脑的运作方式。这就是佛法“如何”能将造成痛苦的内在习性及背后“为什么”有效断除的原因。

三脑一体

佛陀的形相分为三种……

——冈波巴大师，《解脱庄严宝鬘》

现在我们应该都很清楚了，大脑并不是一个单一的物体，“是什么在想这食物好吃或不好吃”这类问题的答案，也不像表面上看起来那么简单。即使是像进食或喝饮料这类相当基本的活动，都涉及大脑与全身几百万个细胞之间，好几千个协调周密、极其迅速（可能才千分之三秒）的电子化学信号交流。不过，在结束大脑之旅之前，我们还要考量大脑的另一层复杂面。

人脑中的几百亿个神经元可根据其作用分为三层，每一层都随着物种演化，历经数十万年进化，而成为愈来愈复杂的机制。三层中的第一层，也是最古老的一层，是所谓的“脑干”①，是形状看起来像球茎的细胞群，从脊椎神经顶端直接延伸出来。这一层通常也被称为“爬虫类脑”，因为脑干跟许多爬虫类的整个大脑很类似。爬虫类脑的主要作用在于调节基本的、非自主性功能，例如呼吸、

---

① 脑干，brainstem，人类大脑最低且最古老的一层，负责控管非自主性功能，诸如新陈代谢、心跳以及对抗或逃避反应。

新陈代谢、心跳，以及血液循环等，同时也控制所谓的“对抗或逃避”或“受惊”反应。这是一种本能反应，迫使我们诠释突如其来的遭遇或事件是否存在潜在威胁，譬如巨大的声响、不熟悉的气味、有东西沿着手臂爬行，或有东西蜷曲在黑暗的角落等。这个时候，无需有意识的指令，肾上腺素便会开始流窜全身，使心跳加速、肌肉紧绷。如果我们感知到眼前的威胁是我们无法抗拒的，便会逃之夭夭；如果认为自己能击败它，就会挺身而出。这种本能反应对于生存的重大影响是显而易见的。

大部分爬虫类没有抚养幼儿的天性，母虫产完卵之后通常就会将卵遗弃到巢穴。幼虫孵化之后，虽然已经具备成虫的直觉和本能，但身体仍然很脆弱、笨拙，可是它们必须靠自己。许多幼虫在出生几个小时之后就夭折了。在爬往各自的安全自然栖息地的过程中（譬如海龟爬向海洋），往往就被其他动物杀死或吃掉了，而且凶手常常还是自己的同胞。事实上，在爬虫类的世界里，父母因为认不出猎物是自己后代，而把新生幼虫吃掉的现象并不罕见。

随着鸟类和哺乳类动物等新种脊椎动物的演化，它们的大脑结构出现了令人惊讶的变化。与爬虫类不同的是，这类物种的新生儿并没有充分发育到足以照顾自己的程度，还需要父母亲的哺育。为了满足这种需求并确保物种的延续，大脑的第二层于是逐渐发展出来。这一层称为“脑边缘区域”①，它像头盔一样包围着脑干，并纳入了一系列功能已设定的神经元连接，能刺激哺育的冲动，也就是提

① 脑边缘区域，limbic region，大脑中层组织，包含了让我们得以经历情绪和哺育冲动的神经元连接。

供食物及保护，并通过玩耍和其他活动教导新生代重要的生存技巧。

高度发展的神经传导路线也赋予这些新物种辨别更大幅度情绪反应的能力，而不只是单纯的“对抗或逃避”。举例来说，哺乳类动物父母亲不仅能够辨认自己幼儿特有的声音，还能分辨幼儿声音所代表的意义，诸如苦恼、愉快、饥饿等。另外，脑边缘区域也提供更广泛且更细致的能力，能“解读”其他动物通过姿势、动作、表情、眼神，甚至微微的气味或信息素所传达的意图。由于能够处理各种不同的信号，哺乳类动物和鸟类因而能够更灵活地适应不断改变的环境，奠定学习和记忆的基础。

我们在稍后讨论情绪的角色时，会对脑边缘系统所具备的惊人结构和能力作更深入的探讨。脑边缘区域有两个结构值得在此重点介绍。第一个叫作“海马回”[①]，位于太阳穴后面的脑显叶。人类有两个海马回，分别位于大脑两侧。海马回对于直接体验的新生记忆起着决定性作用，并提供空间、理智和语言（至少对人类而言）的脉络，让情绪反应有意义。大脑这个区域受到损伤的人很难制造新的记忆，对于海马回受伤前的一切，他们记得清清楚楚，但海马回受伤后所遇见的任何人与发生的任何事，他们一瞬间就忘记了。海马回也是大脑中最先受到阿兹海默症及精神分裂症、重度忧郁症、躁郁症等精神疾病影响的区域之一。

脑边缘系统另一个重要的部分是脑杏仁核[②]，这个神经元结构体

---

① 海马回，hippocampus，大脑的神经元组织之一，负责组织语言和空间方面的记忆。

② 脑杏仁核，amygdala，大脑的神经元组织之一，负责产生情绪性记忆，特别是恐惧和愉悦感。

积很小，形状像杏仁，位于边缘系统的底部、脑干的上方。跟海马回一样，人类大脑中这个小小的器官也有两个：一个在右半脑，另一个在左半脑。脑杏仁核扮演两种关键性角色：感受情绪的能力与制造情绪记忆的能力。许多研究显示，脑杏仁核受损或摘除时，各种情绪反应的能力也几乎丧失，包括最基本的恐惧冲动和同理心，患者同时也会失去建立或识别人际关系的能力。①

在建立实用的快乐科学时，我们必须重视脑杏仁核和海马回的活动。脑杏仁核和两个重要部位相连：一是自律神经系统②，是脑干中自动调节肌肉反应、心脏反应和腺体反应的部位；另一则是“下视丘”③，是脑边缘区域基部能间接导致肾上腺素等荷尔蒙分泌的神经元结构，因此，脑杏仁核所制造的情绪性记忆非常强烈，与重要的生物与生化反应密切相关。

当某事件引起强烈的生物反应，例如肾上腺素或其他荷尔蒙大量分泌时，海马回就会发出信息给下方的脑干，将这事件当作一种模式储存起来，形成记忆。正因为如此，许多人能够精确地回忆当初听到或看到航天飞机坠毁，或肯尼迪总统被刺杀时，自己在哪里或在做什么。极度正面或负面的个人经验，也同样会以记忆的模式储存在脑干中。

由于这样的记忆及其相关模式非常深刻，日后类似事件很容易

---

① 《情商》(*Emotional Intelligence*)，丹尼尔·戈尔曼（Daniel Goleman）著。

② 自律神经系统，autonomic nervous system，脑干部位的神经系统，能自动调节肌肉、心脏与腺体的反应。

③ 下视丘，hypothalamus，脑边缘区域最底层的神经构造，负责促使将荷尔蒙释放到血液中。

就会触发原来的记忆，即使有时候事件的相似度相当低。面对威胁生命的状况时，这类强烈的记忆反应显然对生存具有重要的作用：它让我们辨认并避免食用曾经使我们生病的食物，也让我们避免跟攻击性特强的动物或同类接近。但是，它也很可能会混淆或扭曲我们对普通经验的感知。举例来说，常常被父母亲或其他成人羞辱及批评的孩子，长大成人之后，在面对权威人物时，可能会有异常强烈的恐惧、怨恨或其他不悦的情绪。这种扭曲反应的产生，通常是因为脑杏仁核用于触动记忆反应的连接方式不够精确。只要现在情境中有某个重要因素类似过去经验中的某个因素，就会激起储存在原始经验中各式各样的想法、情绪、荷尔蒙反应和肌肉反应。

脑边缘系统有时也称为“情绪的脑”。脑边缘系统活动的平衡主要靠“皮质层”——大脑的第三层，也是最新发展的一层。大脑皮质层是哺乳动物特有的结构，具有推理、形成概念、计划，以及调整情绪反应的功能。尽管大部分哺乳动物的大脑皮质层都相当薄，但只要看过猫如何设法撬开衣橱，或看过狗学会如何操作门把手，你就可以见证到动物大脑皮质层①的功用。

人类和其他高度进化的哺乳类动物的大脑皮质层，已发展为更大且更复杂的结构。大部分人想到大脑时，心中出现的画面通常就是具有许多突起和沟回的这层结构。事实上，如果不是这些突起物和沟回，我们根本无法想象大脑是什么，因为发达的大脑皮质层赋予我们想象力，也赋予我们创造、理解及运用符号的能力。皮质层

① 大脑皮质层，neocortex，大脑的最上层，是哺乳动物特有的构造，提供了推理、形成概念、计划及微调情绪反应的能力。

让我们具有语言、写作、数学、音乐和艺术的能力。我们的大脑皮质层是理性活动的中心，是解决问题、分析、判断、控制冲动，以及组织信息、从过去的经验与错误中学习、同情他人等能力的所在。

仅仅知道人脑由这三层不同的构造所组成的事实，就已经够令人惊讶了。更神奇的是，任何一个念头的产生都必须经过脑干、脑边缘区域与皮质层这三层构造之间一系列复杂的互动。此外，每一个念头、感受或经验似乎都是一组不同的互动关系，所涉及的大脑区域也都是独特的，不是其他念头所能启动的区域。

不见踪影的总指挥

心不在头脑里。

——弗朗西斯科·瓦雷拉，《步入内在生命的科学》

不过，我心中还是有个疑问，倘若大脑就像李文斯顿博士所说的那样，是个交响乐团，那不是应该有个指挥吗？不是应该有个客观、可辨认的细胞或器官在指挥一切吗？我们显然认为有这样的东西存在，至少在说“我还没下定决心”或“我心里一片空白”，或“我的心当时肯定是乱了套”的时候，我们是如此认为的。

在与神经学家、生物学家、心理学家以及现代科学家们对谈的过程中，我发现科学界长久以来一直在寻找这样的“指挥”，花费许多心血，希望找到某种细胞或细胞群负责指挥感官知觉、感知分别、念头，以及其他心智的活动。然而截至目前，即使运用当今最精密的仪器，科学家还是没找到指挥者存在的任何痕迹。他们无法确定大脑中某一个特定区域就是“我”，就是负责协调不同演奏者相互沟通的指挥。

现代神经学家因此放弃了寻觅“指挥者”的想法，转而探索遍布大脑中的几百亿个神经元如何在没有中枢指挥的情况下，而能协调彼此活动的原理和机制。这种“统合”“分派”的行为模式，好比一群爵士音乐家的即兴合奏。每个人演奏的乐章也许略有不同，然而，他们还是有办法和谐地一起演奏。

试图在大脑找到“我”，主要是受到古典物理学的影响。物理学的传统重点是研究支配有限范围物体的定律。① 根据这个传统观点，如果心具有某种作用，例如影响情绪，那么就应该有具体的存在处。然而，在现代物理学的架构中，实存物体的观念很难成立。每当有人找出可能的最小物质元素时，很快就会有人发现，这是由更小的粒子所构成。随着每一次的新进展，基本物质元素的确认就更加困难。

此外，即使逻辑上可以把大脑分解为愈来愈小的部分，一直到最小的亚原子层次，谁又能精确指出其中哪一部分确实就是“心”？由于每一个细胞都是由许多更小的部分所组成，而每一小部分又是由更小的部分组成，我们又怎么可能指出“心”到底是由哪一个部分构成的？

---

① 古典物理学的研究对象，必须是能够在空间上标示出它的位置与大小范围的物体，故称之为“有限范围的物体”。而其研究的目的，则是归纳发展出规范物体行为的准则。

在这一点上，佛法也许能提供一个新视野，以作为科学研究新途径的参考。在藏传佛教中，“心”称为“sem”，可翻译为“知者”或“能知者”。这个简单的名相可以帮助我们了解，在佛教观点中，“心”主要是认识及省思自身经验的能力，而不是某种特定物体。尽管佛陀也说过，脑的确是“心”的生理基础，然而他也详加指出，“心本身”并非某种能够被见到、被触摸到的东西，甚至无法以语言文字定义。如同眼睛这个器官不是视力，耳朵这个器官并不是听力一般，脑并不是“心”。

我从父亲最初教导我的一些教法中学到，佛教并不把“心”当作一个独立的实体，而是一种不断开展、显露的经验。我还记得，这个概念一开始时对我而言有多么奇怪。当时我坐在父亲位于尼泊尔寺院的讲堂里，身边围绕着来自世界各地的学生。在这小小讲堂里，我们像沙丁鱼似的挤着，几乎连移动的空间都没有，不过，从窗户望出去却是一大片山峦和森林。父亲坐在讲堂里如如不动，无视众人身上传来的阵阵体热。他说，**我们认同的自我——“我的心”“我的身体”“我自己”，其实只是相续不断的念头、情绪、感官知觉与感知分别等所造成的 种错觉和幻相。**

我不知道是因为说法时父亲自身体悟的力量，还是因为跟其他学生挤在长板凳上的局促感和窗外辽阔的视野形成的强烈对比，还是两者都有，总之，在那一瞬间，我突然“开窍了”。我体悟到无论是以“我”的心还是以“我”的观点去思考，或者如窗外的山峦与天空般广阔开放地去体验万物，两者其实无二无别。

来到西方国家之后，我听到许多心理学家将“心”或“自我”的经验比喻为看电影。他们解释道，看电影的时候，一连串的单个画面通过投影机而显现，但我们感受到的似乎是相续不断的声音与动作。然而，假如我们有机会一个画面接一个画面地看，我们的体验就会截然不同。

这就是父亲教我观看自心的开始。**只要单纯地观看每一个通过自心的念头、情绪和感官知觉，那个有限的自我幻相就会消融，取而代之的是一种比较平静、宽广、安详的觉知。**而我从其他科学家身上学到的则是，由于经验会改变大脑的神经元结构，因此以这种方式观看自心时，就能改变那些让我们不断感到“自我”的神经元对话。

正　念

一再观看不可观之心，将可如实观见真实义。

——第三世嘉华噶玛巴，《噶玛巴证道歌：了义大手印祈愿文》

佛法修持的要诀在于，当念头、感受和感知分别生起时，我们只是单纯地安住在当时纯然的觉性中。在佛教传统中，这种温和的觉性被称为“正念”[①]，而正念就是单纯地安住在心的清明本质中。如同前面所提到的狗的例子，如果我能觉察自己惯性的念头、感知分别和感官知觉，而不是被它们牵着走，那么它们对我的影响力就会逐渐削减。我体验到，它们的来去只不过是心的自然作用，就如

① 正念，mindfulness，佛学名相，把心安住在念头、情绪和感受经验的纯然觉性中。

同波浪在海面或湖面上自然荡漾。我明白了这就是当年我坐在闭关房里，试着克服自小就困扰我的焦虑时所发生的事：只要单纯地观照自心，确实可以改变心的状态。

现在，你也可以通过一个简单的练习，开始品尝这自然明性的自在。首先，身体坐直，自然地呼吸，然后觉知气息的进与出。当你通过觉知气息的进出而放松时，你可能会注意到有好几百个念头在心中来来去去。有些念头很快就过去了，但有些念头却会诱发一连串相关的念头。当你发现自己在追逐某个念头时，只要重新把注意力放在呼吸上就可以了，这样做一分钟试试看。

一开始时，你可能会因为心中的念头竟然涌现这么多而感到很诧异，因为形形色色的念头在你的觉知之下，就如同瀑布冲过陡峭悬崖般奔腾而下。这种经验并不是失败的征兆，而是成功的象征，因为你已经发现，平时有多少念头在自己毫不注意的状态下来来去去。

你也可能会发现自己沉迷在一连串特定的念头中，不断追逐着这些念头，而无视其余的一切。然后，你突然想起来这个练习的重点是单纯地观察念头，这时你不需要责怪自己，只要把注意力转回到呼吸就可以了。

这样练习一段时间之后，你就会发现，尽管念头和情绪来来去去，但是心自然的明性却从来没有受到干扰或中断。举例来说，我有一次前往加拿大新斯科细亚省访问时，在靠近海边的一个闭关中心停留了一段时间。抵达当天，天气好得不得了，晴空万里，海水湛蓝，景色十分宜人。然而，隔天一早醒来，大海看起来却像一锅混浊的浓汤。我不禁要问：“这到底是怎么一回事？昨天那么清澈湛蓝的海水，今天怎么突然变得这么肮脏了？”于是我走到海边，但没找到造成这个改变的明显原因，海水里和沿岸都没有泥巴。然后我抬头望望天空，看到空中满布乌云。这时我才恍然大悟，是云的颜色改变了海水的颜色！再仔细观察海水时，我发现海水本身仍然是干净、清澈的。

从许多方面来看，心就如同海洋一样。心的“色彩”随时都在改变，每一天、每一刹那都不断在改变，反映着“从头上飘过”的不同念头、情绪等景象。但是，**心本身也犹如海洋一般，从来没有改变过，无论反映的是什么，它一直都是干净、清澈的。**正念的修持一开始似乎会有点困难，但是，重点并不在于立即成功。现在看起来似乎不可能做到，经过不断练习就会变得愈来愈容易。没有什么是你习惯不了的。试想，你对多少不愉快的事习以为常？例如，穿越车水马龙的街头，应付脾气暴躁的亲戚或同事？正念的养成是一个渐进的过程，我们必须建立新的神经元连接，并抑制爱说话的神经元之间旧的对话。这需要耐心，一次一小步，每次短时间，但经常不断地练习下去。

西藏有句谚语说，“匆匆忙忙到不了拉萨，缓缓行走便能抵达目标”。这个谚语来自东藏，因为从前东藏人都是走路到拉萨，也就是到拉萨朝圣。为了早日到达拉萨，有些朝圣者以最快的速度行进，但由于速度太快，在途中就累垮或病倒，而不得不折返回老家。反之，那些从容前进的人，到了夜晚就扎营，享受友伴的乐趣，隔天再继续前进，反而更早抵达拉萨。

经验因企图而生，不论身在何方，不论从事什么活动，最重要的是认识自己的念头、情绪和感知是自然的现象。既不抗拒，也不迎受，只是单纯地认出那个经验，并让它自然流逝。如果能够持续这样练习，我们将会发现自己逐渐有能力应付以往觉得痛苦、害怕或悲伤的情况。我们将会找到一种不是源于自大或傲慢的自信，我们将会了解自己其实一直都受到庇护，一直都很安全，一直都在“家”。

还记得我请你试试看的那个小测验吗？在那个测验中，我建议你下次坐下来吃午餐或晚餐时，问问自己：“到底是什么在想这食物好吃或不好吃？是什么认出吃的动作？”在以前，这问题似乎再简单不过了。但是，现在看来并没有那么容易回答了，对吧？尽管如此，我还是希望你下次坐下来吃饭时，再试一次。如果现在你得到的答案令你迷惑或矛盾，那很好。有人说，迷惑是了解的开始，是脱离多话的神经元对你束缚的第一步。过去，这些叽叽喳喳的声音把你紧锁在“你是谁”“你能做什么”的特定观念中。

换句话说，迷惑是迈向真正安乐之道的第一步。

| 第三章 |

超越心，超越脑

了悟心，即是佛。

——《须臾智经》

你并不是那个你自以为焦虑而有限的人。任何一位受过正统训练、具足资格的佛法老师[①]都可以依据个人经验，确确实实地告诉你：真的，你就是慈悲的本身，全然觉知，而且具有为自己及一切人、事、物达到至善的能力。

问题在于，你并不知道自己具有这些特质。用我与欧美专家对谈所学到的纯科学术语来说，大部分人误将那些“由习性造成、神经元构成”的自我形象，认作是真正的自己。这样的形象通常以二元的方式表现出来：自和他、痛苦和快乐、拥有和缺乏、吸引和排

① 在佛学领域中，受过正统训练、具足资格的老师，通常称为“具格上师”。

斥。但我也逐渐了解到，这些其实都是生存的最基本条件。

然而，当我们的心被这种二元观影响时，每一个经验——即使是喜悦和快乐，都会被某种有限感束缚，因为总是有个“但是”潜伏在背后。其中有一种是希求有所“不同”的“但是”：“嗯，我的生日派对很棒，但是美中不足，生日蛋糕不是我喜欢的巧克力蛋糕，而是胡萝卜蛋糕。”另外还有一种是希求“更好”的“但是”：“我很喜欢我的新房子，但是我朋友约翰的房子比我的还大，采光也比我的好多了。”最后，还有一种“害怕”的“但是”：“我实在是受不了我的工作，但是现在就业状况这么差，我怎么能找到其他工作呢？”

我的个人经验告诉我，自我的有限感是可以克服的，否则我现在可能还躲在闭关中心的小房间里，因为害怕与自认无能而不敢去参加团体共修。当年 13 岁的我只知道“如何”克服自己的恐惧与不安，后来经由弗朗西斯科 · 瓦雷拉、理查 · 大卫森，以及丹 · 戈尔曼（Dan Goleman）和塔拉 · 戈尔曼（Tara Bennett-Goleman）等心理学家和神经科学专家们的耐心指导，我才从客观的科学角度了解这种修持到底“为什么”有用。这些受限、焦虑、恐惧等感受，只不过是神经元在饶舌而已；在本质上，这些感受都只是习性，而习性是能够断除的。

本然心

真实本性之所以被称为“真实本性”，是因为无人创造之。

——月称菩萨，《入中论》221 偈

身为佛教徒，我最初学到的主要观念之一是，**心的本性是如此浩瀚，完全超越理智所能了解的范围；它既无法用言语来形容，也无法化为条理分明的概念**。对于像我这样喜欢文字又很习惯于概念性解释的人来说，这一度是个难题。

佛陀的教法最早是以梵文记录下来的，在梵文中，心的本性被称为“如来藏”[①]。这是个非常微妙的形容，字面意义是“通过此道者的本性”。“通过此道者”指的是已经完全证悟的人，也就是说他们的心已经完全超越言语所能形容的有限境界。你可能会觉得这样讲实在没多大帮助，不懂还是不懂。

“如来藏”一词还有其他比较不依字面的翻译，例如“佛性”[②]“真实本性”“证悟本质”“平常心”，乃至于“本然心”[③]。但是，这些词汇当中，却没有任何一个能够完整表达“如来藏”本身的真正含义，因为只有直接体验才能真正了解“如来藏”。对大部分人来说，一开始时对“如来藏”的体验，都仅仅是一刹那间的自然一瞥。当我第一次瞥见“如来藏”时，我终于体会到佛经上所说有关“如来藏”的一切都是真实不虚的。

对我们大部分人而言，神经元惯性模式所创造出的“有限的自我形象”遮障了我们的本然心或佛性，但这也只是心的无限潜能所选择制造的其中一种投射罢了。本然心能够创造一切，连无明和愚

---

① 如来藏，tathagatagarbha，梵文，也译为“佛性”“证悟本质”“平常心”“本然心”。

② 佛性，buddha nature，一切有情众生的自然状态，无比地觉知、慈悲，且能够无限地展现。

③ 本然心，natural mind，或称“平常心”，佛学名相，意指处于本身自然状态中的心，超越所有概念的限制。

痴也都是它的产品。换句话说，“不认识本然心”也只是心具有无限创造力的另一个例子而已。每当我们感到恐惧、悲伤、嫉妒、贪欲，或任何让我们自认脆弱或怯懦的情绪时，我们都应该好好鼓励一下自己，因为我们方才体验到了心的无限本质。尽管心的真实本性是无法直接形容的，但这并不表示我们就不应该从理论的角度去了解它。即使是有限的理解，也是一种指标，能指出一条通往直接体悟心的本质的道路。佛陀知道这种无法用言语形容的体验最好是透过故事和隐喻来解释，所以在经典[①]中，他曾将“如来藏”比喻为被污泥覆盖的黄金。

想象你自己是个寻宝人。有一天，你发现土里有一块黄金，你把这块黄金挖出来带回家，然后开始清洗它。一开始只有一个小角显露出黄金闪亮的质地，但当你把积淀的污泥逐渐洗刷干净之后，整块黄金就显露出来了。现在，让我问你一个问题：哪一块黄金比较贵重？埋在土里面的那一块，还是被你洗干净的那一块？答案是，两者的价值一模一样，肮脏的金块和干净的金块只有表面的差别。

同样的道理也可用来说明本然心。那些让你无法看到自心全貌的神经元，并不会真的改变心的本性，“我很丑”“我很笨”或“我很无趣”等各种念头，也只不过是暂时遮障佛性或本然心光明特质的一种“污泥”。

佛陀有时也将本然心比喻为“虚空”。所谓“虚空”，并不一定是现代科学所了解的太空，而是一种较为诗意的形容，就像仰望无云晴空或进入宽阔大厅时那种深邃的开阔感。犹如虚空一般，本然

① 即《大乘无上续论》，或称《宝性论》。

心并不需要依赖先前的因缘条件而成。它就是“它”，无可度量且超越言语形容；它是我们行进活动时不可或缺的舞台，并通过它来辨识所感知的对境间的不同。

本然的寂静

在本然心之中，没有排斥或接受，没有减损或增益。

——第三世嘉华噶玛巴，《噶玛巴道歌集：了义大手印祈愿文》

在这里我想说明，将本然心与现代科学所描述的太空相对照，与其说它是正确的描述，不如说它是有用的譬喻。大部分人想到太空时，就会想到一大片空荡荡的背景，在这个背景中，许多事物不断出现、消失，比如说恒星、行星、彗星、陨石、黑洞，以及小行星，甚至其他尚未被发现的现象等。然而，尽管有星球不断在太空中出现又消失，但是我们对太空这个舞台的真正本质的认识从未改变过。到目前为止，太空似乎还没抱怨过它内部发生的任何事情。人类已经将几千个甚至几百万个信息送入宇宙中，却从来也不曾得到像“一个小行星竟然撞上我最喜欢的星球，真是气死我了！”或者“哇，好棒哦，一颗新星刚刚诞生了！”这类的回应。

同理，**心的本质也不会被我们认定为痛苦的状态或不愉悦的念头所影响。**它是自然平静的，犹如跟着父母逛博物馆的幼儿的心一样。当父母忙着判断或评估展示的艺术品时，幼儿仅只是观看而已，他不会去猜想某件艺术品价值多少、某个雕像历史有多悠久，也不会去想某位画家的作品比另一位的更好。他的观感是完全单纯的，只是接受所见到的。这种单纯的观感在佛教名相中被称为“本然寂静”，而这样的状态非常类似我们到健身房运动，或完成一件繁重的工作之后，那种完全放松的感受。

有个古老的故事将这样的体验形容得很巧妙：

有位国王下令建造一座新宫殿，完工之后，国王却面临一个难题，即他必须把他拥有的黄金、珠宝、雕像等琳琅满目的宝藏从旧王宫秘密地搬移到新王宫。由于每天都忙于治理朝政，国王自己实在无法完成这件事，但朝廷中却没有几个既能完成这项任务，又不会私吞珍宝的值得信任的人。不过，倒是有个忠心耿耿的将军，国王相信他一定能秘密且有效率地完成这项任务。

于是，国王召见了这位将军，并向他解释道，由于他是朝廷中唯一值得信任的人，因此请他务必接受这项迁移宝藏的任务。除了要保守秘密之外，最重要的是，一定要在一天之内完成这项工作。假如将军能够圆满完成这项任务，那么国王就会赐予他大片肥沃的田地、富丽堂皇的楼房、黄金、珠宝等大量财富，足够他安享天年。将军于是欣然接受了这项任务，仅仅工作一天就能获得如此大量的财富，足够三代子孙享用，实在是万分诱人的条件！

第二天早上，将军一大早就醒来了，开始把国王的宝藏从旧王宫搬到新王宫。他扛着一箱箱的黄金、珠宝等，在秘密通道中来回奔波，只给自己短短的时间吃午餐、休息一下，以保持体力。最后，他终于把国王的最后一件宝藏成功地搬到新王宫的宝藏室里了。日落时分，他向国王报告任务已完成。国王向他祝贺，并赐予他之前所承诺的肥美土地的地契，当然还有协议好的黄金、珠宝等。

将军回到家之后，洗了个热水澡，换上舒适的睡袍，深深吁了一口气，在房中铺满柔软垫子的床上躺下来。虽然劳累，却异常满足，因为他今天竟然完成了这么艰巨的任务。在满满的自信心与成就感中，他终于可以全然放下，并且安住在当下的解脱中。这样全然不用力的放松状态，就是所谓的“本然寂静”。

本然心有着许多面向，其中“本然寂静”的体验远远超越一般所认为的放松，而且难以描述。传统佛教经典将之比喻为哑巴尝蜜，哑巴显然体验了蜜的甜味，但是却无法形容它。同样地，当我们尝到自心的本然寂静时，这样的体验毫无疑问是真实的，然而却难以用笔墨形容。

所以呢，请你下次坐下来吃东西的时候，试着问自己：“到底是什么在想这食物真好吃或真难吃？到底是什么认出了吃的动作？”到时你如果答不出来的话，别太惊讶，反而要祝贺一下自己。当你无法以言语形容一个强烈的体验时，那就是一种进步的征兆，这表示，至少你已经轻轻碰触到自心本性难以言喻的宽广境界的边缘了。这是多么勇敢的一步啊！有多少人因为安于“不满足的熟悉感”，根本没有勇气踏出这一步。

“禅修”的藏文是“gom”，字面意义是“逐渐熟悉”，而佛法禅修实际上也就是逐渐去熟悉你的自心本性，这有点像愈来愈深入了解一个朋友一样。如同交朋友般，我们也要以渐进的方式来探究自己的心，一见如故的交情是少之又少的。禅修和普通社交之间唯一的不同点是，你要深入交往的朋友是你自己。

深入了解你的本然心

> 假设有取之不尽的宝藏就埋在一个穷苦人家的后院，这穷人并不知情，而宝藏本身也不会告诉他：“嗨，我在这儿！”
>
> ——弥勒菩萨，《大乘无上续论》

佛陀常常把本然心比喻为水，本质一直是清澈、干净的，污泥、沉积物和其他不净物也许会暂时让水变得浑浊或污染水质，但是我们可以将这些秽物过滤掉，让水恢复原来自然的清净。如果水的自然本质不是清澈的，那么，不管用再多的滤网，也不可能让水“变”清澈。

认出本然心特质的第一步，可以从佛陀说过的一则古老故事中一窥究竟。

> 从前，有个穷困潦倒的人住在一栋破旧倾斜的房子里，这个房子的墙面和地板上都镶嵌着许多珍宝，但他却毫不知情。尽管拥有这些珠宝，但由于他完全不知道这些珍宝的价值，因

此他只好过着又饥又渴、冬冷夏热的贫苦生活。

一天，有个朋友问他："你为什么要过这么穷苦的生活？你并不穷啊！你是个有钱人！"

"你疯了吗？"他答道，"你怎么会这么说？"

"你看看周围啊！"他的朋友说道，"你这整间房子充满了珠宝，绿宝石、钻石、蓝宝石、红宝石，什么都有！"一开始，这个穷人并不相信朋友的话，但过了一阵子之后，他愈来愈好奇，于是从墙上拿了一小块宝石到城里去卖。令他难以置信的是，宝石商竟然给了他一笔非常可观的钱。他用这些钱在城里买了一栋新房子，当然，他把旧房子里的财宝全都带走了。后来，他又为自己添购了新衣裳，厨房里装满了山珍海味，也雇了帮佣，开始过着幸福舒适的生活。

现在我要问你一个问题：到底是谁比较富有？那个住在装满珠宝的旧房子里却毫不知情的人？还是那个终于明白自己财富的价值，并过着幸福快乐生活的人？

就像之前有关金块的问题一样，正确答案是：一样富有。这两人都拥有巨额财富，唯一的差异是，前者多年来都不知道自己拥有什么，直到认清自己所拥有的财富之后，才终于把自己从贫困与痛苦中解救出来。

我们也都像这样，只要一天没有认出自己的真实本性，就会一直受苦：认出自己的真实本性之后，就能够从痛苦中解脱。无论认清真实本性与否，真实本性的特质一直都是不变的。但开始认出自身具有的真实本性之后，我们就开始转变了，生命的品质也会跟着改变，你以往梦想不到的事都会跟着发生。

心、生物现象或两者兼备？

佛在心中……

——《正相合续》

未被具体认定的事物并不表示不存在，从试图具体确认“心的位置”这件事情上，我们就可以明白：尽管显示心在活动的证据非常充分，却没有任何科学家能具体认定心本身的存在。同样地，也没有任何科学家能够精确地在最基础的层次上定义虚空的本质和特性。然而，我们都知道我们有“心”，也都无法否认虚空的存在。心和虚空是我们文化中根深蒂固的概念，我们非常熟悉这些概念；对我们而言，心和虚空的存在是一种常态，而且就某种程度而言，再平常不过了。

但是，“本然心”和“本然寂静”就不是这么熟悉的观念了，因此许多人会对这两者抱有某种程度的怀疑。但我们至少可以说，运用同样的推论和直接体验的方法，我们应该也会对本然心产生一些熟悉感。

佛陀曾以问答的形式教导过，本然心的实相可通过某些明显的征象来显示。他的问题是：“什么是所有人共同关心的事？”我在公开教学中问大众这个问题时，得到各种不同的答案，众说纷纭。有些人回答说，人们最关心的是如何生存下去、活得快乐、避免受苦、被爱，其他的回答包括：和平、发展、饮食、呼吸，以及改善生活品质等；有些人的回答则是他处与自处皆能和谐、了解生命的意义、对死亡的恐惧等。我觉得特别有趣的一个答案是："我！"

其实，每一个答案都是正确的，它们分别代表答案的不同层面。**无论是人类、动物或昆虫，一切有情众生最基本的关注都是渴望离苦得乐。**

虽然每个人的策略可能不同，但都是为了同样的结果而努力。例如蚂蚁一刻不停，或觅食，或扩建巢穴，不断来回奔波。它们如此忙碌的原因是什么？就是为了生存下去，进而找到某种快乐，并避免受苦。

佛陀说，达到永恒的快乐与避免受苦的欲望，无疑是我们具有本然心的征象。事实上，其他征象还有很多，若要一一列举，恐怕需要再写一本书。那么，佛陀为何特别重视这个征象呢？这是因为一切众生的真实本性原来就是全然远离痛苦，并具足圆满喜乐的，在追求快乐、避免受苦的过程中，无论我们用的是什么方法，我们都只是在展现自身的本质。

我们最渴望的永恒喜乐，其实就是本然心"微细而不变的声音"，这个声音提醒我们真正能够体验到的境界是什么。佛陀以母鸟离巢的比喻，说明我们的这种渴望——无论母鸟飞到多么遥远的地方，无论它在那些地方看到多少新奇有趣的事物，总有某种力量诱使它回到自己的巢穴。同样地，**无论日常生活多么让人沉迷，无论目前坠入爱河、受人赞美，或拥有一份"完美"工作的感受有多么美好，渴望得到圆满恒常的快乐，一直吸引着我们。**

也可以这么说，我们是患了对真实本性的思乡病。

做你自己

我们必须认出自己的根本状态。

——措尼仁波切，《无牵挂的尊严》

佛陀曾说，只要让心如其本然地安住，就可以直接体验到心的本性。但是如何才能做到这样呢？这就要回溯一下前面所提到的将军运宝的故事了。在那则故事中，将军奉命在一天之内将国王的宝藏从旧王宫搬移到新王宫。你还记得他完成任务时既放松又满足的状态吗？当他洗完热水澡，坐在柔软的垫子上时，他的心完全平静下来了。虽然念头仍旧会冒出来，但他满足地让念头生起、消退，不执着任何一个念头，也不追逐任何一个念头。

你应该也曾经在完成漫长且艰苦的工作之后，有过类似的体验。无论是体力工作还是撰写报告、完成财务分析等脑力工作，完成时，你的身心会自然安住在一种快乐的疲劳中。

我们现在就来简短地练习一下如何“安住自心”。这其实不是禅修的练习，而是一种“无修”。这是非常古老的佛法修持，我父亲曾解释道，它会让我们放下必须达到某种目标或体验某种特别状态，而加诸自己的压力。在无修的练习中，我们只是观看发生的一切，完全不做任何干预；我们只是对探索内在的实验感兴趣的观察员，所以对实验结果的好坏不会患得患失。

当然，刚开始学习这个方法时，我还是个很有目的导向的孩子。每次坐下来禅修时，我都会期待有美好的经验。经过相当长一段时间之后，我才开始抓到“只是安住”的窍门：只是观看，放下对结果的期待。

首先，以舒服的姿势坐下，保持脊椎挺直，身体放松，眼睛张开。当身体的姿势很舒适、很放松时，让你的心单纯地安住三分钟左右。让心放松，就像刚刚才完成一项漫长而又艰巨的任务一样。无论发生什么情况，如念头或情绪生起、身体不适，或察觉声音或气味，或是心里一片空白，都别担心。任何发生的或没发生的，都是在安住自心时的部分经验。

现在，对心中的所有念头保持觉知，并安住在这样的觉性当中……

安住……

安住……

三分钟到了之后，问问自己，刚刚那个体验如何？别评判它，也别试图解释它，只要回顾刚刚所发生的一切，回顾你的感受就行了。你可能体验到短暂的平静或广阔开放的滋味，这非常好。或者，你也可能察觉到百万个不同的念头、感受和感官知觉，这也非常好。为什么？因为不管是哪一种情形，只要你当时对生起的想法或感受至少保持了些许的觉性，那么，你就已经直接瞥见了心的自然运作。

现在我要告诉你一个大秘密——任何时刻，将注意力安住在往来于心中的一切，这就是禅修；以这样的方式安住，就是体验本然心。

禅修跟日常生活中思考、情绪和感受历程的唯一差异，就在于

你是否运用了单纯、赤裸的觉性。当你让心如其本然地安住，不追逐任何念头，不被任何情绪或感官知觉带走，这时觉性就会显现。

我花了很长的时间才明白，禅修竟然这么简单，主要是因为它看起来如此平凡，而且跟我日常的感知习性如此接近，以至于我很少会停下来去认出它。就像我在巡回讲学中遇到的许多人一样，我自己以前也以为本然心一定是某种很特别的东西，跟我所经历的一切都不一样，或者更好。

就像大部分人一样，过去我也经常批判自己的经验，认为生活中来来去去的愤怒、焦虑、恐惧等念头都是坏的，是有负面作用的，或至少是跟本然寂静相互矛盾的。然而佛陀的教法以及这个无修练习的含义却是，若能让自己放轻松，心理上退一步，我们就会认识到，这种种念头不过是在海阔天空般的心中来来去去的现象，而心就像虚空一样，无论其中发生什么，虚空根本不受干扰。

事实上，体验“本然寂静”比喝水还容易。想喝水的话，还得费一点功夫呢。你必须去拿杯子，把杯子靠到嘴边，再把杯子倾斜之后，水才能倒进你嘴里，然后还要把水吞下去，再把杯子放下来。可是，体验本然寂静根本不需要花这些力气；你只要让心安住在它本然的宽广开阔之中就行了，不需要特别的关注，也不需要特别的努力。

倘若不知为什么，你就是无法安住自己的心，这时你可以只是单纯地观察任何念头、感受或感官知觉的显现，停留几秒，最后消融，于是你认出：“哦，这就是我心中在发生的……”

无论你身在何处、在做什么事，最重要的是认出自己的体验是很平常的，是你自心真实本质的自然呈现。倘若你不试图阻断心中念头的发生，而只是观察它，最后你会有一种稳定的放松感、一种无限的开阔感——这其实就是你的本然心，也就是那自然不受干扰、任由各种念头来来去去的背景。同时，你也唤醒了新的神经传导路径。当这些路径的连接愈来愈强、愈来愈深时，你就会愈来愈有能力接受每个瞬间从心中蜂拥而过的种种念头。无论有什么纷扰的念头生起，都只会变成激起本然寂静觉性的媒介，而这本然的寂静则包容并渗透、充满这些念头，就好像虚空包裹并渗透、充满现象世界的每个粒子一样。

心的简介到这里告一段落。现在，我们要开始较深入地检验心的特性了。你也许会很纳闷，为什么我们必须更深入了解本然心，大概了解不就够了吗？我们可不可以直接跳到修持的部分？

这样说吧，当你在黑夜中开车，如果你手边有一张当地的地图，而不是只知道大概的方向，你是不是会感到比较安心？如果没有地图和路标的指引，你很可能会迷路，你可能会一直转错弯或开到岔路上，结果旅途变得比预定中更漫长且复杂：你很可能只是在原地绕圈子。当然，也许你最后还是会到达目的地，但是，如果你事先知道应该要怎么去，这趟旅程就会轻松很多。因此，你不妨把接下来的两章当作路线图，让它引领你更快到达目的地。

| 第四章 |

空　性

空性是万物产生的基础。

——第十二世泰锡度仁波切，《唤醒沉睡的佛》

单纯地安住时所体验到的开阔感，在佛教名相中称为“空性”[①]，但“空性”或许是佛教哲学中最易被世人误解的名相之一。这个名相对佛教徒来说已经很难理解了，对西方读者而言更是难上加难。因为早期有许多梵文与藏文的英文翻译，都将“空性”译为“空无”“无物”，误将“空性”和“什么都没有”画上等号。事实上，这与佛陀试图阐述的真理有着天壤之别。

佛陀教导我们，自心本性就是空性，事实上，空性也是所有

① 空性，emptiness，一切现象（万法）原本无法描述的根源，所有的一切都能从中生起。

现象的本质。但佛陀的意思并不是指一切现象的本性像真空一样完全空无。他所说的“空性”，在藏文里由两个字组成：东巴—尼（tongpa-nyi）。“东巴”（tongpa）的意思是“空”，它所代表的意义是某种超出感官能力所能感知及概念性思考所能理解的状态。在佛教名相中，这往往被称为“不可思议”“无法言喻”“不可说”等，但也可直接翻译为“难以想象的”或“无以名状的”。而“尼”（nyi）这个字，在藏文日常会话中并没有任何特别意义，但如果将这个字放在另一个字之后，当作“后加字”时，它表达的是一种“可能性”，也就是任何事物都可能生起，任何事都可能发生的意思。因此，**当佛教徒说到空性时，意思并不是“什么都没有”，而是指一种能让任何事物显现、改变或消失的无限可能性。**

在此我们可采用一个现代物理学现象来进行类比。物理学家认为所有亚原子现象的产生，起源于所谓的“真空状态”，这是亚原子宇宙中能量最低的状态。在真空状态下，粒子不断地显现和消失。因此，尽管看起来似乎是空的，但这个真空状态却是非常活跃的，充满产生一切现象的潜能。就这点而言，真空状态和“心的空性特质”相当类似。如同真空虽然被认为是“空的”，却是各种粒子显现的根源一般，心在实质上也是“空的”，缺乏真实可陈述的特质。然而这无法界定、不全然可知的状态，却是一切念头、情绪和感官知觉不断生起的基础。

由于自心的本质是空性，因此你具备了体验无限可能的念头、情绪和感官知觉的能力，连对空性的误解也是从空性中生起的现象！

有一个简单的例子，也许能帮助你从体验的层次进一步了解空性。

几年前有个学生来见我，请我为他讲授空性。我给了他一些基本的解说，而他看起来蛮高兴的，事实上应该说他兴奋极了。

“真是太酷了！”我们谈话终了时，他这样说道。

在我的经验中，空性不是只靠一堂课就能轻易了解的，所以我指示他接下来几天都要针对今日所学去做禅修。

几天之后，这个学生突然出现在我房门外，脸上带着惊恐的表情：面色苍白、佝偻着背，而且不断颤抖，他步步为营地走进房里，仿佛在猜测前面是否有流沙一样。当他终于走到我的座位前面时，他对我说道：“仁波切，你吩咐我做空性的禅修，但昨天晚上我突然想到，如果一切都是空性，那么这整栋房子也是空性的，地板也是空性的，底下的地面也是空性的，这样的话，我们岂不是会穿过地板掉下去，然后穿透到地底下去吗？”

我等他说完后，问他：“谁会掉下去？”

他想了一下这个问题，然后表情完全变了。“哦，”他叫了出来，“我懂了！如果这栋房子是空性的，而人也是空性的，那么，根本就没有人会掉下去，也没有任何东西可以穿透过去。”

他叹了长长一口气，身体放松了，脸色也红润了起来。于是，我让他以今天的新体会再回去做空性禅修。

两三天之后，他再度不期而然地出现在我房门外，又是脸色苍白、全身发抖地走进房里。可以明显地看出，他正在尽力憋气，一副很怕把气呼出来的样子。

他在我面前坐下，说道：“仁波切，我依照您所指示的去做空性禅修，也了解这栋房子是空性的，底下的地基是空性的，我也是空性的。但是，当我愈来愈深入这个禅修，不再看到或感到任何事时，我真的很害怕。倘若我只是空性的，那么我不是就要死了吗？这就是为什么我今天早上跑来见您的原因。假使我只是空性的，那基本上我什么也不是，那么，无论如何也无法让我不消融于空无之中！”

确定他说完之后，我问道：“那谁会消融？”

我等了一会儿，让他有时间消化这个问题，然后进一步说道：“你误以为空性是空无了。几乎所有的人一开始都会犯这种错误，试图从一种观念或概念性的角度去理解空性，我自己也曾经犯过同样的错误。但是，从概念的角度是绝对不可能了解空性的，只有透过直接的体验才能真正认证空性。我并不是要你相信我说的话，我只是要告诉你，下次再正式禅修时要问问自己：‘如果万法的本质是空性，那么谁会消融？什么会消融？谁诞生了？什么生起了？谁会死去？什么会死去？’这样试试看，你得到的答案可能会出乎自己的意料。”

他深深叹了一口气之后，同意再试试看。

几天之后，他回到我的房间，脸上挂着平静的微笑，告诉我说：“我想，我现在开始懂得什么是空性了。

“我遵照您的指示，针对这个主题做了很长一段时间的禅修之后，终于领悟到空性其实并不是空无，因为必须先有‘有’，才会有所谓的‘无’。空性其实就是一切，使所有我们想象得到的各种可能的‘存在’与‘不存在’同时显现而出。所以，假使我们的真实本性是空性，那么，没有任何人可以说是真的死去或真的诞生了。因为每一刻在我们身上都同时具备‘可以是如此’或‘可以不是如此’的可能性。”

“非常好，”我告诉他，“现在，你把刚刚所说的一切都忘掉，因为如果你试图一字不漏地记着，那么你就会把所学到的一切变成一种概念。这样的话，我们就得重新再来一遍了。”

胜义谛与世俗谛

没有世俗谛（相对真理）作为基础，就不可能讲授胜义谛（绝对真理）……

——龙树菩萨，《中观论颂》

我们大部分人都需要经过一段时间的思考和禅修才能了解空性。我在讲授这个主题时，通常最先被问及的问题就是：“如果实相的基础是空性，那么万物到底是从哪里来的？”这是个很好的问题，事实上，这个问题非常深奥。不过，空性和经验之间的关系并没有那么简单，或者应该说，就是那么简单。但就是因为那么简单，所以很容易错失。事实上，**由于空性的无限潜能才使得所有现象，包含念头、情绪、感官知觉，甚至物质等一切，能从空性中显现、移动、改变，最终消失。**

量子力学是现代物理学的一支，研究物质的原子与亚原子层次，但这并不是我的专长。所以，我们先把量子力学放在一边。我发现说明空性最好的方式，是回到佛陀时代所了解的“虚空”比喻：虚空是一种无垠的开阔感，它本身并不是一种“东西”（thing），而是一种无边无际、不具特性的背景。银河系、星球、动物、人类、河流、树木等都在这背景上，通过这背景而显现和移动。若没有虚空，这些事物就无法彼此有别或一一显现；若没有虚空，就不会有空间容纳万物，也不会有让万物被看见的背景。只有在虚空的背景之中，天体和星球等才能够诞生、移动和消失。我们之所以能够站立、坐下、进出房间，也是由于我们周围的空间之故。我们的身体中也充满了空间：外部的孔窍，让我们能够呼吸、吞咽、说话等，还有内在器官中的空间，如肺部的空间会随着呼吸而张开或闭合。

空性和现象之间也有着类似关系。倘若没有空性，就没有任何事物能够显现；倘若没有现象，我们则无法体验万物之源的空性背景。因此就某方面而言，我们得说空性和现象之间有某种关联，但两者也有很重要的差异点。空性，或说无限的可能性是实相的绝对本质；由空性所显现的一切，无论是星球、银河系、人、桌子、台灯、时钟，抑或我们对时间和空间所体会的一切境，都是这无限可能性的相对显相，都是无限时空中暂时的显现。

我也想借这个机会指出绝对真理①与相对真理②之间另一个非常重要的区别。根据佛教的理解，以及现代西方科学某些学派的看法，只有永不改变、不会被时间或环境所影响，或不能分解为更小的，或跟他物毫无连接关系的，才能称为绝对真实。以此定义为基础，我所学到的是：空性——这不可计量且难以言喻的潜

① 绝对真理，absolute reality，也作“胜义谛”，能使任何事物生起的无限潜能。

② 相对真理，relative reality，念头、情绪和感受每一瞬间不断改变的经验。

质、一切现象的背景，既不是被创造出来的，也不受因缘条件影响——是绝对真理。不过，由于本然心是空性的，是全然开阔且不受任何可被命名或定义的特性所限制，因此，任何人对现象的看法或说法，或者我个人对现象的看法或说法，都不能说是对其真实本性的真正定义。

换句话说，绝对真理是无法以言语、图像甚至数学公式符号表达的。我听说有些宗教同样也认为这些方式无法表达"绝对"的本质，因此他们也不愿以名号或图像来形容。至少佛教也赞同这一点：我们只能通过体验来领悟绝对的境界。

然而，完全否认在我们居住的世界里万事万物会在时空中有所显现、改变和消失，也是非常荒谬可笑的事。人们来来去去，桌子会损毁，有人喝掉杯子中的水之后，水就会不见了。经验不断在改变的这个层次，就是佛教名相中所称的"世俗谛"，也就是"相对真理"。而所谓的"相对"，是指相对于不变的绝对真理。

虽然假装没有体验到桌子、水、念头和星球等事物是非常愚蠢的，但与此同时，我们也不能说这些事物原本就以一种完整、独立、自足的方式存在。根据定义，原本就存在的任何事物必定是恒常不变的，无法被分解成多小的部分，或不受因缘变迁的影响。

这样叙述绝对真理和相对真理之间的关系，虽然非常理智，却无法提供我们了解这种关系所需要的直觉性领会，或以现代语言来说，一种"本能式"的领悟。当弟子一再请求佛陀解释绝对与相对真理之间的关系时，他时常以梦境为例，指出日常生活中清醒时的体验，就如同梦境中的体验一样。佛陀列举的梦境自然跟当时弟子日常生活中的事物有关，比如牛羊、谷物、茅草屋顶和泥墙等。

这些例子对21世纪的现代人来说，却不一定具有同样的作用。因此，教学时，我通常都会举对方较为熟悉的例子。譬如说，假设你是喜爱汽车的哈车族，如果你梦到有人送你一辆新车，你一毛钱也不用付，那么你铁定会感到兴奋极了。收到这辆“梦中车”，“梦中的你”一定很欢喜，你会很高兴地开车去兜风，很开心地跟亲朋好友大大炫耀一番。

然而，假设梦中的你开着车兜风时，突然间，另一辆车撞上了你，车头全毁，你的腿也断了。这时，“梦中的你”的心情肯定是一百八十度大转变，马上从快乐的天堂掉到绝望的地狱。你的车毁了，你又没有保“梦中险”，断腿又让你痛得哭爹叫娘的。这时，“梦中的你”可能就开始哭了。梦醒时，枕头上竟然还湿了一大片呢！

现在我要问你一个问题，这个问题并不难。

梦中的车是真的吗？

答案是否定的。既没有工程师设计这辆车，也没有工厂制造这辆车。车子既不是由真正的零件组成的，也没有任何分子或原子组成车子的不同零件。然而在梦境中，你所体验到的这辆车却非常真实。事实上，你将梦境中的一切都视为真实，而且也以非常真实的念头和情绪回应了这些体验。但是，无论你的梦境体验看起来有多么真实，我们都不能说这些体验是原本就存在的，你说是吗？当你醒来时，梦境就消失了，你在梦中所感知的一切也融入了空性——万物生起的无限可能性之中。

同理，佛陀教导我们，任何一种体验都是从空性的无限可能性中生起的显相。佛陀言教中，最广为人知的《心经》中说道：

色即是空，空即是色；

色不异空，空不异色。

我们也可用现代人的语言这样说道：

梦中车是原本不真实的车，原本不真实的车即是梦中车。

梦中车无别于原本不真实的车，而原本不真实的车也无别于梦中车。

当然，可能也会有人争辩，日常清醒时所体验的一切跟梦境中所体验的一切，在逻辑上怎么能拿来相互比较？毕竟梦醒之后，腿并没有真的断了，也没有一辆撞毁的车停在车道上啊！此外，倘若真实生活中的你真的发生了车祸，现在你可能已经躺在医院里，还得面对一笔可观的修车费呢！

然而，**无论是梦境或清醒时刻，你体验的基础都是相同的，即念头、感受和感官知觉等，都是随着因缘条件的变化而不断变化的。**如果你能将这样的对照谨记在心，那么，清醒时刻所经历的一切就会失去对你的影响力。念头就是念头，情绪就是情绪，感官知觉就是感官知觉。这一切在清醒的日常生活中轻易且快速地来来去去，正如同在梦境中一般。

你所经历的一切随着因缘条件的改变而改变，即使只有一个条件改变了，你的体验形式也会随之改变。如果没有做梦者，就不会有梦境；如果没有做梦者的心，就不会有梦境；如果做梦者没有睡觉，也不可能会有梦境。当这些因缘条件都聚合时，梦境才会产生。

空性的禅修练习

心的本质是空性的，虽然是空性，但万物却不断从中生起。

——第三世嘉华噶玛巴，《噶玛巴道歌集：了义大手印祈愿文》

对空性具有智性的理解是一回事，直接体验又是另一回事。所以我们现在再来试试另一个练习，这个练习跟前几章所说的练习稍有不同。这次，你要非常仔细地观察自己的念头、情绪与感官知觉，看着它们从空性中生起，显现片刻，然后又消融于空性之中。如果没有念头、情绪与感官知觉，就蓄意编造一些，一个紧接着一个，愈多愈好，愈快愈好。这个练习的重点在于，尽量去观察不同形式的体验，愈多愈好。假如不去觉察这些体验，一不注意，它们就溜走了。所有的念头、情绪或感官知觉都要观察到，一个都不要漏掉。

一开始，以挺直且放松的姿势坐好，自然地呼吸。安顿好之后，就开始仔细地观察你的念头、情绪和感官知觉。记住，假如什么念头都没有，你就刻意在心中胡乱制造一番。无论你感知到什么——痛苦、压力、声音等，都要看着它们，甚至连“这是好的念头”“这是不好的念头”“我喜欢这个练习”“我讨厌这个练习”等想法，也都可以是观察的对境，连简单感到哪里发痒也可以拿来好好观察一番。为了达到最好的效果，这个过程至少要持续一分钟。

准备好了吗？预备——开始！

看着心的变动……

看着心的变动……

看着心的变动……

好，停。

这个练习的重点是单纯地看着从你觉知中经过的一切，看着它们从空性中生起、刹那显现，然后消融于空性之中。这些变动就好像大海中不断起伏的波浪，别想阻挡你的念头、情绪等，也别追逐它们。如果你追逐它们，如果你让它们牵着你的鼻子走，你就会受到它们的制约，无法当下开放、即兴回应。反之，如果你试图阻挡你的念头，那么你的心可能就会变得很狭小、很紧绷。

这是重中之重，因为许多人都误以为禅修就是要刻意停止念头和情绪的自然变动。你也许可以暂时阻挡这变动，甚至因此而达到短暂的平静，但这种平静只不过是僵尸般的平静罢了。这种毫无念头和情绪的状态，完全不具识别能力而且也不是清明的。

如果你能练习让自己的心如实呈现，那么你的心终究会自己安顿下来，你会开始有一种宽广的感觉，你清晰、无偏地体验事物的能力也会逐渐增强。一旦能够以觉性看着这些念头和情绪的来去，你就开始认出它们全都是相对的现象。它们之所以能够被界定，完全是由于它们和其他经验之间的关系。能够辨识快乐的念头是因为它和痛苦的念头不同。这就好像某人个子很“高”，是和个子比他矮的人比的结果。事实上，这人本身既不高也不矮。同理，除非是跟其他念头相比较，否则念头或感觉本身并不能被定义为正面或负面。如果没有这样的比较，念头、情绪或感知就只是念头、情绪或感知罢了，它们本身并没有任何天生固有的特质或特性。除非透过比较，我们无法对它们下任何定义。

从物理学的角度看经验

物质实体并非存在于空间之中，而是空间性的延展。依此，“虚空”的概念便失去了它的意义。

——阿尔伯特·爱因斯坦，《相对论》

与现代科学家的对谈中，我惊异地发现，量子力学原理跟佛教徒对空性与显相关系的理解，有许多相似之处。但由于所使用的语汇不同，经过好长一段时间之后，我才发现其实我们的观点是一致的：现象，通过无数相关事件的因缘和合，一瞬间、一瞬间地展现。

为了充分领会这些相似之处的意义，我发现了解古典物理学原理是非常重要的，因为这是量子力学发展的基础。“古典物理学”是一个通称，泛指基于17世纪奇才牛顿及追随他脚步的科学家们根据实验观测所建立的一系列理论。古典物理学从宏观的角度，阐述自然界的基本物理现象和运作法则。古典物理学认为，宇宙是一台运作有序的巨大机器。根据这种机械理论模式，如果我们知道宇宙中每一个粒子的位置和速度（velocity，指粒子的速度和移动的方向），也知道它们之间在某个特定时间点的作用强度，我们就可能预测宇宙中每一个粒子在未来任何时间点的位置和速度。同理，我们也可以根据对宇宙目前状态的完整描述，得知宇宙过去的全部历史。宇宙的历史可说是个别粒子依据绝对及可知因果定律所连接而形成的历史巨网。

然而古典物理学的定律和理论，主要是基于对宏观体系的观测，诸如行星和恒星的移动，以及地球上物体之间的互动。但是，19 世纪和 20 世纪的科技发展和进步，让科学家能研究愈来愈微观的现象行为。他们的实验开始显示，微观体系（如原子、分子、核子等）的物理现象，并不像古典物理所描述的宏观体系那么有规则、那么可预测。这些实验形成量子力学的基础，也成为现代物理学的基本架构。

这些实验有一些令人意外的发现，例如我们平常所认定的“物质”，可能不像我们过去相信的那样，是实体而且可以明确定义。亚原子层次的观测显示，“物质”的行为相当奇特，有时展现粒子的特性，有时却展现波的特性。据我所了解，我们其实无法同时准确测知粒子和波的位置和速度。所以，根据粒子的位置和速度描述宇宙状态的传统观念于是瓦解。

如同量子力学是由古典物理学定律逐渐发展出来的一样，佛陀针对经验本质的描述也是渐进的，是根据听闻法教者理解程度的进展，逐步加深他所提出的见解。历史上，佛陀所阐述的法教被分为三个系列或三个阶段，也就是所谓的“三转法轮”。“法”①，在梵文中称为“达摩”（dharma），在这里的意思是“真谛”，也可以说是“事物的本质”。佛陀首次开讲的地方是鹿野苑的一处空地。鹿野苑位于瓦拉纳西附近，属于现今印度的贝拿勒斯辖区。初转法轮的法教以可观察的实质经验为基础，阐述了实相的相对本质。这些法教被

---

① 法，dharma，梵文，即真谛，或一切事物原本的真实面。

总结为众所周知的“四圣谛”[①]，不过，更贴切的说法应该是“洞悉事物本性的四种清净见解”。简单地说，这四种见解是：

一、凡夫的生命受制于痛苦（苦）；

二、痛苦起源于苦因（集）；

三、苦因可以息灭（灭）；

四、有简单的修行之道可帮助我们息灭苦因（道）。

二转法轮和三转法轮[②]时，佛陀开始讲述绝对真理的特性。二转法轮是在位于印度东部比哈尔省（Bihar）灵鹫山所讲述的，主题是空性的本质、慈心[③]、悲心[④]和菩提心[⑤]。三转法轮时，佛陀则说明佛性的基本特质，讲述地点分布在印度各处。

三次转法轮的教导各有特色，除了对心的本质、宇宙以及心如何感知经验有不同的解释之外，也用于澄清当时佛陀追随者们的疑惑。佛陀涅槃之后，他的追随者对如何诠释他所宣说的法教，时常具有不同的意见，其中有些人可能并没有听闻佛陀前后三次转法轮的全部教导。所以他们之间意见不一致，其实也是很自然的，因为

---

① 四圣谛，佛陀证悟后，在鹿野苑初次的教导，后以“四圣谛”名之，佛陀四圣谛的教导亦广知为三转法轮中的初转法轮。

② 佛陀在不同时期、不同地点，针对经验之本质所教导的三套教法。

③ 慈心，lovingkindness，佛教名相，指的是希望其他有情众生，甚至是那些我们不喜欢的众生，都可以体验自己也渴望感受到的喜悦和自由。

④ 悲心，compassion，藏文，心全然直接延伸扩展的状态。

⑤ 菩提心，bodhicitta，梵文，也称为“觉醒之心”。

佛陀一再强调，**只靠知识性理解是不可能领会这些言教的根本要义的，唯有通过直接体验才能真正有所了悟。**

那些只听过初转教导的人后来发展成两个学派："说一切有部"[①]和"经部"[②]。根据他们的见解，极微小的粒子被视为绝对"真实"，也就是说，极微小的粒子本身是完整的，无法分解为更小的部分。这样的极微小粒子在藏文中称为"度趁"（dul-tren）或"度趁恰美"（dul-tren-cha-may），可大致译为"微小至极的粒子"或"不可再分割的粒子"，在汉传佛教名相中称为"微尘"或"无方分极微尘"。这些基本粒子被视为一切现象的基本组成元素，不可能消融或消失，只会转变为不同形式。例如：当木块燃烧时，木头"不可再分割的粒子"并没有消失，只是转变为烟或火焰，这跟"能量不灭定律"并无不同。能量不灭定律也称为"能量守恒定律"，是物理学的一项基本法则，意指能量既没有被创造，也不会被消灭，只会转化为不同形式，例如汽油的化学能量可转化为启动汽车的机械能量。

此刻的你可能一头雾水，弄不清楚现代物理学的发展跟达到个人喜乐到底有什么关系。但是，如果你耐着性子继续听我说下去，这之间的关系就会愈来愈清楚。

佛陀后期的教法说明"极微小的粒子"或"不可再分割的粒子"可以被转化的事实时表示，所谓的极微粒子，其实也只是一种无常或暂时的现象，因此不能被视为根本或绝对"真实的"。2500年之后，

---

① 说一切有部，即"有部"或"分别部"，佛教哲学早期的一个学派。

② 经部，佛教哲学早期的一个学派。

爱因斯坦以他最著名的方程式“$E=mc^2$”证明了这一点。这简洁的方程式说明粒子就像是一个小能量包。

举个日常生活的实例：水在零摄氏度以下，会变成冰；在常温下，则是液体；加热到 100 摄氏度时，会变成蒸汽。在研究室的实验中，水分子可被分解为氢原子和氧原子，但是当我们深入检验这些原子时，它们又是由更小的亚原子所组成。

有部和经部的见解跟古典物理学说之间，存在着一种很有趣的相似之处。根据古典物理学（为了使这些观念更易了解，我可能过分简化了这个例子），物质基本元素和宏观物体，例如行星、恒星及人体，都可用位置和速度等可精确测量的特质来描述。此外，通过和地心引力及电场等作用力之间的完美协调互动，它们在时间和空间中的运动的一些参数是可以预测的。古典物理学在预测宏观现象的行为方面，例如星球的运行等，仍然是非常有用的。

不过，19 世纪的科技发展提供了许多新工具，让物理学家能够观察物质现象的微观细节。20 世纪初期，英国物理学家汤姆森（Thomson）进行了一连串的实验，发现原子是由一些更小的粒子（例如带电的粒子——电子[①]）构成的。另一物理学家卢瑟福（Ernest Rutherford）以汤姆森的实验为基础，提出了原子模型。学过高中化学或物理的人应该都很熟悉，在这个类似微型太阳系的原子模型中，电子绕着中心的原子核运动。

拉塞福的“太阳系”原子模型学说的问题是，它不能解释原子加热或以其他方式获得能量后，为什么一定会发射出某种特定能量

① 电子，electron，带电的亚原子粒子。

的光。不同的原子有不同的能级组，称为“原子光谱”①。1914年，尼尔·玻尔（Niels Bohr）发现，将原子内部的电子当作一种波时，就能准确说明原子光谱的现象。这是量子力学早期的一大成就，迫使科学界开始重视粒子也具有波动性质的这个奇异新理论。

大约与此同时，阿尔伯特·爱因斯坦也指出，我们不一定要把光当成波，我们可以把光当作粒子，也就是他所称的“光子”。爱因斯坦所引证的实验现象是，当超过某种频率的光束照射到金属板上时，金属板中的电子会吸收光的能量而脱离金属表面产生电流②。继爱因斯坦的发现之后，许多物理学家开始以实验证明各种形式的能量，基本上都可以用粒子来叙述。这样的观点跟“有部”所有现象都是由极微小粒子所组成的见解非常类似。

当现代科学家继续研究亚原子的世界时，他们仍然面对同样的问题：亚原子（“实相”或“经验”的建构基石）有时呈现波的特性，有时呈现粒子的特性。因此，他们只能测定亚原子会呈现某种特性或状态的概率。在实际运用方面，量子理论显然很正确，激光、电晶体、超级市场光电子扫描机和电脑晶片的发展等就是很好的证明。然而量子理论对宇宙现象的诠释，仍停留在一种相当抽象的数学叙

---

① 原子光谱，atom spectrum，是由原子中的电子在能量变化时所发射或吸收的一系列波长的光所组成的光谱。每种原子的光谱都不同。

② 这个现象在物理学中被称为光电效应。光电效应由德国物理学家赫兹发现，当光束照射在金属材料上时，若是此光束的频率超过某一临界值，则金属材料会发射出电子，而所发射电子的能量取决于光的频率，而与光的强弱无关。长久以来，古典物理学都不能够解释这个现象，一直到爱因斯坦提出了光子论或光量子论，亦即光是由跟频率有关之能量单位的“粒子”所组成的，光电效应才开始有了理论的解释。

述阶段。不过我们也要记住，数学是一种符号语言，是一种以数字和符号代替文字所写成的诗歌，表达潜藏于世俗经验背后的实相。

可能性所带来的自由

对生起的一切保持清新的觉性……就足够了。

——第九世嘉华噶玛巴，《大手印了义海》

佛陀在早期的教导中指出，**痛苦的产生主要是因为我们执着于某种原本存在或绝对“真实”的经验，包括相信有原本真实的自我（人我）和原本真实存在的物质现象（法我）**。当听法弟子的程度愈来愈高时，佛陀就开始较直接地演说对空性及佛性的见解。同样地，古典物理学家对于物体的本质和行为的认识，也是在19世纪末期多位科学家的努力之下，逐渐加以修正并重新定义的。

诚如先前提到的，现代科学家在观察物质的亚原子层次行为时，发现亚原子世界的元素在特定实验条件下，表现得很像是物质的粒子，但在其他条件下则表现得像波。从许多方面来看，这些“波与粒子双重性”的观察研究显示了新物理学即量子力学的诞生发展。

我可以想象得到，科学家刚开始观察到这些奇异的现象时，可能会感到很不习惯。我们可以简单类推一下，想象某个你自认为很熟的人，刚才把你当成知心好友看待，半小时之后，却表现得好像从来没见过你一样。你可能会把有这样的行为的人称为“两面人”。

另一方面，这必定也非常令人兴奋，因为对物质变化的直接观察，而扩展了研究的新视野，这跟我们开始积极观察自心活动而打开新视野的情况非常相似。有好多内容要看！有好多内容要学习！

秉持科学家一贯的探索精神，20 世纪初期的物理学家又开始寻求新的探讨方法，以解释粒子具有波动性的现象。以玻尔原子内电子具有波动性的理论蓝图为基础，科学家最后成功地以精密的数学方程式重新描述亚原子的世界，说明为何已知宇宙中每一个粒子都可从波的角度去理解，而每一种波也都可从粒子的角度去理解。换句话说，组成宏观世界的粒子一方面可被视为“物”，另一方面又可被视为延展于时空中的波动现象。

那么，物理学跟快乐有什么关系？我们都觉得自己是实质且独立的个体，具有明确的目标和性格，但如果我们坦然看待现代科学的新发现，就不得不承认我们对于自我的看法实在是很不完整。

佛陀的言教通常被分为两类：一是有关智慧或理论的教导，另一则是针对方便道（方法）或修持的教导（即佛教名相所说的“教证二法”）。佛陀自己时常将教法和证法比喻为鸟的双翼，若想展翅高飞，非得要有一双翅膀不可。“智慧”的羽翼是不可或缺的，如果我们对自己的目标一点基本认识都没有，无论“修持”的翅膀再怎么拍动，也将徒劳无功。譬如去健身房健身的人，不论是汗水淋漓地踩踏跑步机还是拼命地举重，他们至少都大概知道自己到底想从中获得什么。**直接认证自己天生拥有获得喜乐的能力也是一样，我们必须先弄清楚目标是什么，才能通过适当的努力来达到目的。**

现代科学，尤其是量子物理学与神经科学，提供我们探讨及开启智慧的另一种方法。对 21 世纪的现代人来说，这比佛教通过主观分析而洞悉实相本质的传统更容易接受，也更容易证明。现代科学不仅能够站在确定且科学的分析角度解释佛法修持为何有效，同时也对佛教所认识的、基于因缘变化而瞬间显现又消失的短暂现象“无方分极微尘”，提出了微妙且深刻的观点，但是，我们必须更深入科学的领域，才能发现两者之间的相似之处。

第五章

感知的相对性

心的本质本自清净，完全超越语言文字、概念和思维。

——蒋贡·康楚·罗卓泰耶，《大千世界》

将空性定义为“无限的可能性”，只是陈述了这个极为复杂名相的基本意义而已。早期的英文译者可能都忽略了空性较微妙的一层意义：**空性是由这无限可能性所生起的一切，无论是念头、字句、星球或桌子，都不是真实存在的“事物（thing）”，**而是许多因缘条件聚合的结果。如果其中任何一项因缘条件改变或去除了，就会出现另一个完全不同的结果。如同二转法轮所陈述的要点，量子力学也倾向于将经验描述为事件发生的多种可能性，而非只是“单一可能性的连续事件导致的单一结果”。说来也奇怪，这相当接近佛教对绝对实相（“胜义谛”）的看法，也就是说，理论上各种结果都有可能发生。

互为缘起①

依赖因缘条件的一切，都可以说是空性的……

——《马卓巴请问经》

举个简单的例子来说，假想有两把不同的椅子，其中一把四只椅脚都结实坚固，而另一把有两只椅脚是好的，另外两只椅脚却坏了。坐在四只椅脚都结实坚固的那张椅子上时，你会觉得很舒服。但坐在另外一把椅子上，你最后可能会摔得四脚朝天。表面上看起来，两者都是椅子，但你坐在这两把椅子上的感受却完全不同，因为两者的基本因缘条件不一样。

各种不同"因"的聚合，在佛教名相中称为"互为缘起"（interdependence）。"互为缘起"的法则随时都在我们所处的世界中运作着，例如一粒种子本身具备了成长的潜能，但是只有在某种特定的因缘条件下，这潜能才能发挥出来，才能变成一棵树、一丛灌木或一株爬藤。种子需要被种下、灌溉，也需要适量的光线。然而，即使在合适的条件下，从土里会长出什么，也还得看种下的种子本身到底是什么。苹果种子不会长成橘子树，橘子种子也不会变成一棵会长出苹果的树。因此，即使只是一粒种子，也适用"互为缘起"的法则。

同样地，**我们在日常生活中所做的选择也都具有相对性效应，都会启动因缘条件的作用，而在相对实相的范畴中产生必然的后果。**相对的选择就像是把石头投入水池中，即使丢得不远，不管它落在

① 种种不同因缘条件聚合而形成某种经验。

哪儿，同心涟漪必定都会从石头掉落的地方往外扩散，要这样的结果“不”发生是绝对不可能的。（当然，除非你瞄准的功夫差到没把石头丢进池塘，还砸进了邻居的窗户。这样的话，你得到的会是完全不同的结果。）

同样地，你对自己的看法，比如说“我不够好”“我太胖了”，或“昨天我犯了一个严重的错误”等，都是依据先前的因缘条件而来的。但这也许是因为你前一天晚上没睡好，或今天早上有人说了什么你不爱听的话；或者，你只是肚子饿了，你的身体急需维生素或微量元素才能正常运作，单纯身体缺水也可能导致疲劳、头痛，或让你无法专心。**许多因素会影响“你是谁”的相对经验，但这并不能改变“你是谁”的绝对实相。**

在威斯康星州实验室中接受神经科学家的检验时，我问了很多关于现代科学家如何理解感知作用的问题。佛教徒有自己的理论，但我对西方科学的观点感到很好奇。我得知，从纯粹神经科学的观点而言，任何感知动作都需要三个要素：一是外来的刺激物，例如可见的形体、声音、气味、味道，以及我们碰触或碰触到我们的东西；二是感官；第三个则是脑神经回路，用来组织并理解感官所接收到的信息。

以对香蕉的视觉感知为例，和我交谈过的科学家解释道，视神经，也就是眼睛内的知觉神经元，首先侦测到的是一根长长的、黄色的、弯弯的东西，其中一端还可能有咖啡色的斑块。被这个刺激物刺激之后，神经元就开始发射信息到视丘[①]——大脑正中央的一

① 视丘，thalmus，大脑正中央的神经元构造，负责将感受到的信息汇总过后，再传到大脑的其他部分。

个神经元组织。视丘如同老电影里常看到的中央电话总机一样，会先将感官所接收到的信息作某些汇总分类，之后再传送到大脑其他区域。

视神经接收到的信息经过视丘分类之后，会被传送到脑边缘系统，也就是大脑中负责处理情绪的主要区域。这时，脑会立即判断所见的刺激物——就这例子而言，这根长长、黄黄、弯弯、一端有着咖啡色斑块的香蕉，到底是好是坏，或是中性的东西。这有点像我们和某些人见面时，可能会产生的一种特别的感受，类似“直觉反应”（gut reaction），只不过这种反应并不只是出现在肚子里（编注：gut 英文原意为肠、内脏）。用这样的例子比用“脑边缘区域中的神经元刺激反应”这种专业说法容易理解多了。

脑边缘区域在处理这项信息时，同时也会把它“上传”到大脑皮质层，也就是脑中主要负责分析的区域。大脑皮质层会把这项信息组织成某种模式——更明确的说法是“概念”，而这些概念即成为我们日常生活所依赖的指南。大脑皮质层会评估这个模式，并判定刺激视神经细胞的这个物体是一根香蕉。这时，如果大脑皮质层之前已制造过“香蕉”的模式或概念，它就会根据以往的经验提供各种相关细节，例如香蕉的味道、我们是否喜欢这个味道，以及其他跟“香蕉”这个概念有关的种种细节。而这些细节让我们进一步决定如何对我们视为香蕉的这个物体作出更精准的反应。

以上描述的只是感知过程的大致轮廓，然而，即使对这个过程的一瞥也能提供一些线索，帮助我们了解即使一个再普通不过的物体，如何能成为快乐或痛苦的原因。一旦到达认出“这是香蕉”的阶段，我们实际上看到的，已经不是原本的物体了，而是大脑皮质层所建构出来的影像。这个影像受到极多因素的影响，包括环境、期待、先前的经验，以及我们神经回路特殊的结构等。在脑中，这个感知过程与这一切因素可说是互为缘起，持续相互影响。大脑皮质层提供我们借以辨认、命名所认识的物体，并预测与其相关的行为或“规则模式”，影响极为深远。因此我们的确可以说，是大脑皮质层塑造了我们的世界。换句话说，**我们并不是“在看”香蕉的绝对实相，而是“在看”一个由心理所建构出来的影像。**

为了说明这个观点，在1987年首届“心与生命学会”研讨会上，李文斯顿博士描述了一个简单的实验。这个实验让一组实验对象观看一组精心设计过且竖线和横线长度完全一样的英文字母“T”。当实验对象被问及这两条线哪一条比较长或是否一样长时，他们给的答案可分为三种，而每一种答案都和他们各自的背景有关。住在平原或主要在平原长大的人，例如荷兰人大多倾向认为平行线比较长；相反，住在山区或在山区长大的人，由于较常看到竖直物体，大多觉得竖线比较长。只有少数的实验对象能够认出这两条线的长度相同。

纯粹就生物学的角度而言，大脑是塑造和修正感知作用的积极参与者。虽然科学家并不否认在身体范围之外还有一个“真实的世界”，但他们也普遍认为，即使感官经验看起来似乎非常直接且及时，它所涉及的过程却远比表面上看起来细微且复杂多了。如同弗朗西斯科·瓦雷拉后来在研讨会上解释的，“仿佛是大脑让世界透过感知而显现”。

大脑在感知过程中所扮演的活跃角色，是决定我们内心一般状态的关键。对于那些勇于尝试心智训练，想要逐步改变多年积习的人来说，这个活跃的角色开启一种可能性，即通过不断的修心训练可让大脑发展出新的神经元连接。这不仅能转化既有的感知，更可消除焦虑、无助感和痛苦等心理状态，进而迈向较持久的喜乐与平静状态。

对于任何一个局限在“生命就是如何……如何……”的人来说，这无疑是个好消息。你所经历的一切，无论是念头、情绪或感官知觉，并不像表面上看起来那么牢不可破或无法改变。**你所感知的一切只是大约近似事物的真实本性而已，事实上，你所居住的宇宙以及你心中的宇宙形成了一个完整的宇宙。**一些神经科学家、物理学家与心理学家向我解释，现代科学以客观理性的语言从崭新的角度去描述实相，已开始将“存在”的神奇伟大还原到我们心中。

从神经科学的角度看主体和客体

二元对立的思想是心的动态能量。

——蒋贡·康楚·罗卓泰耶，《生起次第与圆满次第》

现在，我们对物理学和生物学的认识已经增加了一点，所以可以提出一些比较深入的问题，继续探讨空性的绝对实相与日常生活经验的相对实相。例如，从物理学的观点来说，物体本身只是一堆旋转的微小粒子的集合体，假使我们所接收的对境只是目标物的某种影像，那么，为什么我们会认为面前的桌子是具体的？我们是如何看到或感受到桌子上的那杯水的？喝水的时候，水似乎是相当真实、可触知的，怎么会这样呢？不喝水的话，我们就会觉得口渴，这又是为什么呢？

首先，心以许多种方式进行一种所谓的“执持”过程。“执持”在藏文中称为“紧巴”[1]，是心“执着对境为原本真实”的习性，也可翻译为“执着”。**佛法的修持提供了一种替代方法，让我们放弃原本基于恐惧的生存观点，而把生命当作是一连串奇特和美妙事件的展示，并以这种态度去体验生命。**两者的差异可通过一个简单的例子来说明：想象我一只手掌心朝下握住一串念珠[2]（就像天主教徒祈祷时所使用的玫瑰念珠）。在这个例子中，念珠代表人们一般认为需要的东西：好车、华衣、美食、高薪的工作、舒适的家等。如果我紧紧握住念珠，念珠的某些部分看起来就像是想要逃出我手掌心的样子，总有一段垂吊在手掌外。如果我试图抓住垂吊在外面的那段念珠，更长的一段念珠就会从指间滑落；如果我又试图抓住这段念珠，那么更长的另一段念珠又会滑落。这样继续下去，最后我一定会失去整串念珠。但是，如果我把掌心向上翻转，让念珠搁在自然张开的掌心上，那么念珠根本就不会掉落，反而会安适地窝在我手中。

再举个例子，想象你坐在挤满了人的房间里看着面前的一张桌子。你的习性是把桌子当作一样东西，一个完整、自足的客体，独立存在于主观观察之外，但桌子有桌面、桌脚、后面和前面。当你想到这张桌子是由这么多不同的部分构成时，你真的还能把它当作

---

① 紧巴，dzinpa，藏文，紧握或执持。

② 念珠，mala，梵文，用来计算持咒次数的串珠。

一个单一的物体吗？

神经科学家在探索这个“没有指挥者”的大脑时，发现人脑的进化在模式辨认与模式反应方面特别发达，功能专门化的程度非常精细。组成大脑的几百亿个神经元中，有些专用于辨认形状，有些则专门辨认颜色、气味、声音、动作等。同时，大脑也天生具备一些机制，让我们有能力选取出神经科学所谓的“整体”或模式性关系。

以电子邮件中常用的情绪脸谱为例。情绪符号其实是一组组的视觉符号，其中“ :-)”这组符号很容易就被认出是一个“笑脸”，“ : ”是两只眼睛，“-”是鼻子，而“)”则是嘴巴。不过，如果这组符号重新排列成“)-: ”，大脑便无法认出这个模式，只会将其解读为随机的点、线和弧线。

我认识的那些神经科学家告诉我，通过“神经元同步”[①]作用，模式辨认机制几乎在神经元一识别出形状、颜色等的同时就开始运作了。所谓神经元同步，简单地说，就是遍布大脑各个区域的神经元自动产生相互沟通的过程。例如，当视神经元侦测到“ :-)”这组符号准确的形状时，对应的脑神经元就依照辨认出的特别模式，协调无间地彼此传递信号。如果没有任何已存在的模式可循，对应的神经元就只是随机地发出信号。

目前我所接触的例证中，辨认模式或对象物的这种倾向，最能表达“紧巴”在生物学上的意义。我猜这可能是一种生存机制的进

① 神经元同步，neurnal synchrony，神经元跨越大脑不同区域，彼此之间自发且瞬间产生的沟通过程。

化，因为区别有害、有益及中性物体或事件的能力实在很有用！临床研究显示，**禅修练习可以进一步开展神经元的同步机制，让感知者能够开始意识到自己的心，以及自心感受到的体验和对象物其实是一体的，是一样的。**换句话说，长期的禅修练习能够消融主体和客体（能者与所者）之间的人为区别，让领受外境者能够自由地决定自身体验的性质，也能自在地分辨什么是真实的，什么只是显相而已。

消融主体和客体的分别，并不表示所领会到的一切境相就会变成模糊的一大团。你的感知经验仍然会有主体和客体的分别，只是与此同时，你也会了解到这种分别实质上只是概念性的。换句话说，你所感知的事物和感知事物的心并没有什么不同。

由于这样的转换很难用理智去领会，为了更进一步了解这一点，我要再度以梦境为例。做梦的时候，如果你能认出自己正在经历的一切只不过是梦，那么你就能认识到，你在梦中所经历的一切都只发生在自己的心中。认识到这一点之后，你就能让自己脱离"梦中难题""梦中之苦"或"梦中限制"。梦境虽然仍持续着，但是，"梦是梦"的认识会让你从梦中情境的痛苦和不悦中解脱出来。恐惧、苦恼及痛苦都会被一种几近孩子般的惊奇感所取代："哇，你看，我的心竟然能够制造出这样的东西来！"

同样地，想要在清醒时刻超越主体和客体间的区别，就相当于认出"所经历的一切"和"经历一切的心"并不是分离的。日常清醒的生活不会因此而停顿，但是你对生活的体验或感知，却会从有限的状态转换为神奇的经验。

不确定性原理的恩赐

心无所缘时，即是大手印。

——帝洛巴，《恒河大手印》

再回头来讨论“看到桌子”这个例子。我们可以说，即使在一般的观察层次上，桌子也处在一种不断改变的状态中。从昨天到今天，木头有些部分可能已经损坏了，某部分的油漆也可能剥落了。若以物理学观点来看这张桌子，在微观的层次上，我们可以看到组成桌子的木头、油漆、钉子和黏合剂等物质，是由分子和原子所构成，而分子和原子则是由快速移动及振动的亚原子粒子所组成。

在亚原子层次上，物理学家遇到一个非常有趣的问题，也就是当他们试图测量粒子在亚原子空间中的确切位置时，便无法百分之百精准测量粒子的速度；而当他们企图测量粒子的速度时，则无法精准确认粒子的位置。想要同时准确测量粒子的位置和速度时所遇到的问题，就是海森堡测不准原理[①]所要解释的原理，海森堡测不准原理是以提出这项原理的量子力学先驱之一的华纳·海森堡（Werner Heisenberg）而命名的。

---

① 海森堡测不准原理，Heisenberg's Uncertainty Principle，是德国物理学家海森堡于1927年提出的量子理论，用以说明物理测量精确度的基本极限，而此极限与测量仪器的品质无关。这项原理指出，在测量粒子的物理状态时，粒子位置的不确定性与粒子动量的不确定性的乘积将大于或等于 $h/4\pi$，h 为蒲朗克常数，π 是圆周率。所以，当粒子的位置被精确地测量到时（位置的不确定性低），粒子的动量就无法被精确地测量到（动量的不确定性就高），反之亦然。由于粒子的物理状态无法如古典物理学般被完整又精确地描述出来，所以量子理论是透过概率来描述粒子的行为。

他们告诉我，问题产生的部分原因是，为了“看到”亚原子粒子的位置，物理学家必须用一种短波长的光照向粒子，而这种光会强化粒子的能量，也会改变粒子移动的速率。另一方面，当物理学家测量粒子的速度时，所测量到的是照在移动粒子上的光波频率变化，就像交通警察用雷达光来测量车速一样。因此，根据科学家所设计执行的实验，他们对于粒子的特性，只能两者取其一地测量到结果。简而言之，实验的结果取决于实验的性质，也就是说，取决于设计及观察该实验的科学家所提出的问题。

如果你视这种矛盾性为描述人类经验的一种方式，你就会发现，如同粒子所属的特性取决于科学家进行的是哪种特定的实验，同理可推，**一切我们所思考、感受和所感知的对境，都是被我们心理习气所制约的。**

现代物理学已指出，我们对物质现象的理解多少都受限于我们所提出的问题，然而无法精确预测粒子在亚原子宇宙中可能出现的方式及位置所产生的不确定性，同时也代表我们拥有某种程度的自由可决定自身经验的性质。

以认知心理学的观点看事件的来龙去脉

我们的生命由自心塑造而成。

——《法句经》(*The Dharmmapada*)

佛法修持能引导我们逐渐放弃惯有的假设，尝试以不同的论点和角度去看待事物，这样的转变其实并没有想象中那么困难。我在尼泊尔跟一个专修认知心理学的学生谈过话后知道，原来转变自己看待事物方式的能力是心的基本功能。依照认知心理学的说法，我们接收到的任何资讯的意义，主要取决于我们是在何种情境下看待它。认知心理学以不同层次的情境去了解资讯，与量子力学以不同方式去观察现象，两者似乎有非常明显的相似之处。

例如，当我们看到下面这行中文的时候，

明 就 仁 波 切

我们可以用好几种不同的方式来解读这些字的意义，包括：

一、线条和空间的排列；

二、一组中文；

三、只是一个名字；

四、跟我们认识的某个人有关；

五、跟我们不认识的某个人有关。

应该还有其他许多不同层次的解读，但我们只列举这五种为例。

有趣的是，任何一种可能的解读方式都无法否定其他解读方式的正确性。不同的解读方式只是代表根据不同脉络而有的不同层次意义，而这主要取决于个人经验。

比方说，假如你刚好认识我本人，当你看到“明就仁波切”这几个字时，你会想：“哦，是啊，就是那个矮矮的藏人，戴着眼镜，穿着红袍子跑来跑去，到处跟人家说桌子并不是绝对真实的存在。”

假如你不认识我，或不清楚关于我的一些事情，只是曾经在报纸杂志上某篇报道藏传佛教教师的文章中，看过“明就仁波切”这几个字，那么，“明就仁波切”也只是“戴着眼镜、穿着红袍子，到处跟别人说桌子并不是绝对真实存在的”那群矮个子藏人当中，某一个人的名字而已。假使你对中文不太熟悉，你可能会将之认定为一组符号，却不懂得其中的意义，也不会知道这指的到底是人名还是地名。假使你根本就不懂中文，那么这些文字对你来说，也许只是一堆可能有意义抑或没有意义的古怪有趣线条和圆圈罢了。

因此，当我说到要放下平常的逻辑，以不同的观点去看待自己的经验时，我的意思是，当你开始比较仔细地去观察事物之后，你会逐渐体会到，要指出绝对实相有多么困难。你会开始明白，你之所以会赋予事物恒常性或独立存在性，是由于你在那样的情境中看待它。**如果你能训练自己用不同观点来看待自己和周遭的世界，那么你的感知就会随之转变。**

当然，改变对物质世界的感知和期望不仅需要努力，也需要时间。因此，为了超越这个障碍，真正开始体验空性的自在，你必须学会以不同的观点来看待时间。

时间的蛮横

过去不可察，未来不可察，当下亦不可察。

——《般若经》

如果从时间的角度来看我们的经验，我们可以说，桌子或一杯水等确实存在于时间之中，但这也仅只是就相对的观点而言。大部分人都认为时间可分为过去、现在和未来："我参加了一个无聊的会议。""我正在开一个无聊的会议。""我必须去开一个无聊的会。""今天早上我喂了孩子。""我正在喂孩子吃午饭。""糟了，我必须做晚饭给孩子吃，但冰箱里什么也没有。一开完这个无聊的会，我就得赶快去买菜。"

但事实上，当你想到"过去"的时候，你只是在回想已经发生的体验——你已经开完会了，你已经喂过孩子了，你已经买完菜了。**过去就像是已经被火烧掉的种子，一旦烧完以后，种子就消失了，它只是一个记忆、一个从心中经过的念头而已。**换句话说，"过去"仅只是一个概念而已。

同样地，我们所谓的"未来"，也只是尚未发生的一个时间层面。你不会把一棵尚未种下的树当作是具体、活生生的对象来谈论，因为你没有讨论它的背景；你也不会去谈论一个尚未受孕的孩子，像讨论某个当下正与你相处的人。所以说，"未来"也只是一个概念，一个从你心中流过的念头而已。

那么，你还剩下什么真实的体验可谈呢？

现在！

但是，我们又怎么可能去定义"现在"呢？一年分成12个月，每个月的每一天又分成24个小时，每小时又分成60分钟，每分钟又分成60秒，每秒又可以分成愈来愈小的单位——微秒（百万分之一秒）、奈秒或毫微秒（十亿分之一秒）等。你可以把"现在"分解成无数更小的单位，但是，从体验发生的那一刹那，到你将"那一刹那"认定为"现在"的那一瞬间，那个当下体验发生的刹那也已经过去了，已经不再是“现在”了。

佛陀知道一般人对时间概念的局限性。在某次教导中，他解释道，从相对的观点来说，将时间区分为个别的段落，诸如一小时、一天、一星期等，或许有某种程度的道理存在。但是，从绝对的观点来看，一刹那和一劫[①]并没有任何不同。一劫之中可以包含一刹那，一刹那之中也可以包含一劫。这两个时间段落之间的关系，既不会让一刹那变长，也不会让一劫变短。

佛陀说了一则故事来解释这个观点：

有个年轻人来到某位大师跟前，请求大师传授深奥的法教。大师同意传法，但建议这个年轻人先喝杯茶，“喝完茶之后，”大师说，“我就会将你所寻求的深奥法教传授给你。”

于是，大师倒了一杯茶给他。这年轻人拿起茶杯靠近自己的嘴边时，这杯茶倏然间变成了一个群山环绕的大湖。当年轻人站在湖边欣赏美丽的风景时，有个女孩在他身后出现，提着水桶走到湖边取水。这个年轻人对她一见钟情，而这女孩一看到站在湖边的年轻人，也立刻坠入爱河。年轻人跟着女孩回到她家，见到跟她同住的年迈双亲。女孩的双亲也逐渐对这个年轻人产生好感，而他也很喜欢他们，于是两个年轻人顺理成章地结婚了。

三年之后，他们的第一个孩子出生了，是个男孩，过了几

① 劫，eon，古印度的计时单位。一劫为67.2亿年。四个一劫合为一大劫，一劫中有二十中劫，而一中劫中有二十小劫。

年又生了一个女儿。两个孩子既健康又快乐地长大，直到有一天，14岁的儿子生了重病，却无药可医，一年之内就魂归西天了。

丧子的悲剧才发生不久，有一天，他们的小女儿到森林里捡木柴。小女孩埋头忙着干活时，却惨遭老虎袭击而死。年轻人的妻子由于无法承受失去一双儿女的悲痛，最后投湖自杀。她的双亲先失去了孙子、孙女，又失去了女儿，悲痛之余，不思饮食，最后也饿死了。接连失去了妻儿、岳父母的年轻人心想，自己不如也死掉算了。于是他走到湖边，决定投湖自杀。

然而，就在他即将跳湖之际，他发现自己又回到了大师的房子，手仍端着茶杯靠在嘴边。虽然他刚才已经历了一辈子的生活，但实际上连一刹那时间都还未过去，手中的茶杯还是温的，杯中的茶水也还热乎乎的。

他望着桌子对面的老师，老师点点头，说道："现在你明白了吧！一切现象都出自于心，而心是空性的。现象并不真实存在，它只存在心中，然而现象也不是虚无的。这就是你要的深刻法教。"

从佛教的观点来看，时间的本质是空性的，就如同空间与在空间中移动物体的本质一样。试图以愈来愈小的单位审视时间的努力，到了某种程度之后，必然会瓦解。你可以利用禅修来体验对时间的感知，试着将时间分解为愈来愈小的单位，直到再也无法命名或下定义的地步。达到这种地步时，你就进入了一种超越言语、超越观念、超越概念的体验。

但“超越观念和概念”，并不表示你的心会变得像空蛋壳一样空洞，或是变得像石头一样愚钝。事实正好相反，你的心会变得更加广阔、开放。你还是会感知到主体和客体，但会比较清楚那是幻相；你会知道它们只是概念，而不是原本存在或客观的实体。

我请教过很多科学家，在现代科学的理论和新发现中是否有任何类似佛教的时间观和空间观。虽然他们提出了很多观念，但似乎没有任何一个是完全相称的，直到一天有人为我介绍了量子重力的理论。量子重力学研究时间和空间的根本性质，探索的基本问题包括：空间和时间到底是由什么构成的？它们的存在是绝对的，或是出自某种更基本的结构？微观尺度下的空间和时间看起来是什么样子的？时间是否具有最小长度或单位？

他们告诉我，在大部分物理学派中，空间和时间被视为无穷无尽、始终如一，而且平稳流畅，是物体移动及事件发生的静态背景。观测宏观物体与亚原子粒子的性质和特质时，这样的假设是可行的，但是在观测时间和空间本身时，情况就大不相同了。

在人类平常的感知层次上，这个世界看起来非常分明、清晰、具体。四条支架撑着一块厚板，在一般的感知层次上，显然是一张桌子。如果是一个圆柱状物体，有着平坦的底部，上方有开口，则显然是一个玻璃杯；如果再加上一个柄，我们也许就会称之为茶杯或咖啡杯。

现在，想象我们透过显微镜在观察物体。逐渐扩大显微倍数之后，照理说，这物体细部结构的影像应该会更分明、更清晰，但事实正好相反。当我们把倍数扩大到可以看到个别的原子时，这世界开始变得愈来愈“模糊”，脱离了古典物理学大部分法则适用的领域，这是量子力学的领域。如同先前叙述的，在微观尺度下，亚原子粒子以逐渐增强的频率，以各种可能的方式无规律跳动，突然生起又突然消失。

继续扩大倍数时，我们可以观察到愈来愈小的物体，最后我们会发现空间和时间本身也开始跳动——空间本身逐渐产生微小的曲线和扭转，以不可思议的速度迅速显现及消失。这种现象发生在极度微细的尺度，比原子的尺度还要细微，就好像拿一个原子和整个太阳系相比。物理学家称这种状态为“时空泡沫”。你可以想一下刮胡膏泡沫，远看很平滑，近看之下，却是由许多小泡沫所构成。

也许以从快速沸腾的水中快速升起又消失的水泡作比喻，更能说明这个状态。在更短的距离及时间维度上，正如快速沸腾的水蒸发变为水蒸气，空间和时间本身也失去了意义。这时，物理学本身也开始不适用，如果失去了时间的基准，物理学家根本无法研究物质、能量和物体运动以及它们之间的相互关系。在这个状态下，物理学家们承认他们根本不知道要如何形容还剩下什么，这种状态可以说是超越了空间和时间的一切可能性。

从佛学的观点来看，量子力学对实相的描述提供了某种程度的自由，但这可能是大部分人都不习惯的状态，一开始时可能感到很奇怪，甚至有点可怕。虽然西方人特别重视自由的能力，但观察事件的行为本身会以随机、不可预测的方式，影响到观察结果的这种概念，所负的责任似乎太过沉重了。相形之下，把自己当作受害者，而将责任或过错归咎于自身之外的人或力量，可就容易多了。然而，如果我们正视现代科学的新发现，我们就应该为自身每一瞬间的经验担负起责任。

这么做虽然能够开创以往无法想象的各种可能性，不过，要完全改变受害者的习性仍旧很困难。从另一方面来说，如果我们开始对自己的经验负责，生活就会变成像游乐场一样，能提供给我们无数学习和创造的机会，个人的局限感和脆弱感会逐渐被一种开放感和希望所取代。我们也会以崭新的观点来看待身边的人，不再把他们当作是威胁我们个人安全或快乐的人，而是体会到，他们只不过是不认识自身本质无限可能性的人罢了。由于我们自身的本质并不会被“是这样”或“是那样”的任意武断区别所限制，它不会只具备某些能力而欠缺其他能力，所以我们绝对有能力应付任何境遇所带来的任何挑战，并在其中发掘自我。

无　常

没有任何事物是永恒的……

——巴楚仁波切，《普贤上师言教》

大部分人都受自己所生活的社会影响或制约，为不停涌现及变化的心与物质现象贴上概念的标签。例如，当我们仔细观察桌子时，还是会本能地将它贴上“桌子”的标签，虽然我们已经知道它并非一个单一的物体，而是由许多不同的部分所组成，如桌脚、桌边、桌面、正面和后面等，而且其中没有任何一个部分可以被称为“桌子”。事实上，“桌子”只是我们给予这些迅速生起又消失的现象的名称，因而制造了一种“绝对真实”的幻相罢了。

同样地，**我们大部分人都习惯将“我”的标签，贴在一连串肯定我们个人的自我感——即一般所称“自我”（ego）的经验上**。我们认为自己是不会随着时间改变的单一实体。一般来说，我们都认为今天的自己跟昨天的自己是同一个人。我们记得自己曾是个青少年，曾经去学校上学，而且认为现在的“我”跟从前那个去上学、长大成人、离家、就业等的“我”，都是同一个人。

但如果看看镜中的自己，我们就会看到这个“我”其实已经随着时间而改变了。去年还不见踪迹的皱纹，或许现在已经出现了，也许戴上了老花眼镜，也许头发已经变了颜色，或根本已经秃头了。从基本的分子层面来说，我们体内的细胞不断在改变，老化的细胞会死去，新的细胞会诞生。用观察桌子的相同方式来检验这个“自我”的感受，我们就会发现，我们称为“我”的这个东西，其实也是由许多不同的部分构成的。这个“我”有腿、手臂、头、双手、双脚，以及内脏等不同部分，我们能认定其中任何一部分确实就是“我”吗？

我们或许会说：“嗯，我的手不是我，但却是我的手。”然而，手又是由五根手指头、手心、手背所构成，而每个部分又可进一步分解成指甲、皮肤、骨头等，这当中哪一个部分可以单独被认定是我们的“手”呢？我们可以这样继续分析下去，一直分析到原子和亚原子的层面为止。但终究还是会面临相同的问题，我们根本无法找到任何可以明确认定为“我”的东西。

因此，无论是分析物体、时间、“自我”或我们的心，分析到某种程度时，我们终究会发现这些分析完全失效，此时，寻求某种不可分解之物的努力终于崩解。**就在这时候，在这放弃寻找某种绝**

对事物之际，我们终于首次尝到空性的滋味——无限、无法言喻的原原本本的实相。

当我们反复思索，制造一个特定的自我感竟然需要具足这么多因素之后，我们对这个“我”的执着将开始松解。我们会变得比较愿意把控制或阻挡念头和感官知觉的企图都放下，而开始能够毫无痛苦或罪恶感地体验它们，把它们从心中经过当作是一个无限可能性之宇宙的显相。如此，孩童般的天真观点恢复了。我们会对他人敞开心胸，宛如花朵绽放。我们会变成更好的聆听者，更能感受周遭的一切，也能更自在、更贴切地回应往昔让我们烦恼或迷惑的情境。也许因为这一切发生的层面是如此微细，我们在不知不觉中逐渐发现，自己竟然在一个从未梦想到的自由、清明且充满爱的境界中觉醒了。

但是，我们需要很大的耐心，才能学会如何看到这样的可能性。事实上，也只有极大的耐心，才能让我们“见到”。

| 第六章 |

天赋明性

一切现象都是心的显现。

——第三世嘉华噶玛巴，《噶玛巴道歌集：了义大手印祈愿文》

虽然我们将空性比喻为虚空，以便了解心广大无垠的本质，不过这个比喻并不完美，至少据我们所知，虚空并不具有觉知的能力（觉性）。然而，从佛学的观点来看，空性和觉性是不可分的。空性和觉性不可分，就跟湿润之于水或热之于火是不可分的道理一样。换句话说，你的真实本性不仅具有无限潜能，而且是全然觉知的。

在佛教名相中，可以即兴反应的觉性称为“明性”[①]，有时也称为“心的明光”。这是心的认识层面，让我们能够分辨由于空性而不断浮现的各种念头、情绪、感官知觉和显相。甚至在我们不注意

① 明性，clarity，自然的觉性，自心能无限觉察的能力，也被称为“心之明光”。

的时候，这个“明性”还是持续运作者，例如，我们会突然想到“我得吃点东西”“我得走了”“我必须待着”等。如果没有这心的明光，我们就无法思考、感受或体会一切境相，也无法辨识自己的身体、这个宇宙，或在这宇宙中显现的任何东西。

本具的觉性

显相之于心，犹如热度之于火。

——乌金巴（Orgyenpa），《了义海大手印》

我的老师形容这心的明光是自我照亮的，犹如蜡烛的火焰一般，既是光明的来源，也是光明本身。“明”从无始以来就是心的一部分，是“本具”（本来就有）的觉性，因此，我们无法像利用体能训练来锻炼肌肉一样，去“锻炼出觉性”。**觉性不是“被训练出来”的，你唯一要做的就是去认出它，只要注意自己是“觉知的”就行了。**不过，这其中的困难是，所谓的明性或本具的觉性，其实是日常生活经验的一部分，因此反而难以辨认出来，这有点像是不用镜子，却试图看到自己的眼睫毛一样。那么，到底要怎么做才能够认出它呢？

根据佛陀所说，这必须通过禅修才行，不过，不见得要像一般人所了解的那样禅修。这里所说的禅修跟前面所提到的一样，是一种“无修”，亦即你并不需要集中于一点或做任何观想，我的一些学生称此为“无添加物的有机禅修”。

就像我父亲曾教导我的其他禅修方法一样，这个禅修一开始也是先挺直身体坐着，自然地呼吸，让心逐渐地放松。“当心安住时，”在尼泊尔小小的讲堂里，父亲这样指示我们，“让自己觉察所有掠过自心的念头、情绪和感官知觉。当你看着它们经过时，就问问自己：‘心和掠过心的念头有任何差异吗？思考者和思考者所感知的念头有任何差异吗？’持续以这些问题来审视你的念头，三分钟之后停下来。”我们就这样坐着，有些人显得烦躁紧张，有些人则忐忑不安，但我们都专心观察自己的心，并且问自己念头和思考者之间是否存在任何差异。

由于当时我只是个小孩子，而其他学生都是成人，因此我自然而然地认为他们禅修得一定比我好。然而，就在我看着自认不如人的想法掠过心头之际，我想起了这个教法，然后，有趣的事就发生了。就在这一瞬间，我察觉到那自认不如人的念头也不过是个念头罢了，念头并非真实稳固的实相，仅只是思维之心的种种变动罢了。当然，就在我察觉到这点时，这个刹那的了悟随即又成了过去，我又回到了跟别人比较的念头之中。但是，那一刹那间的明性显现是多么深切啊！

落座之后，父亲跟大家解说这个练习的重点就在于，认出“想着念头的心”和“心中来去的念头”之间并没有任何差异。**心本身和心中生起、萦绕、消失的念头，以及情绪、感官知觉等，都是空性的显现，而空性即是能够让一切事物显露生起的无限可能性。**倘若心不是一种“东西”，而是一种“活动”，那么在那个被我们认定为“心”的心中所显现的一切念头、情绪和感官知觉，同样也应该是一种“活动”。当你开始安住在心和念头两者不可分的体验中，知道它们就像是硬币的一体两面时，你就会领悟到明性的真义：觉性无限宽广的境界。

很多人都以为，禅修就是要达到某种清晰鲜明的“不寻常”状态，某种跟既有经验完全不同的境界。他们心里用力想着：“我必须达到心的更高境界……我应该会看到某些神奇的东西，像是虹光或净土的影像……我应该会在黑暗中大放光明才是。”这就叫作“过度用力”。事实上，就像这些年来我所遇到的许多人一样，我也有过这种情形。

不久之前，我就遇到了一个因为过度用力而自找麻烦的人。当时我坐在德里机场候机准备去欧洲。有一个人走到我身边，问我是不是僧人。我说“是”，然后他就问我知不知道禅修方法，我说“知道”，他再问我：“你的禅修体验如何？”

“很好。”我答道。

“你不觉得困难吗？”

“不会啊！”我说。

他摇摇头，叹了 口气后，说：“禅修真的很难，15～20分钟之后我就开始头晕，如果我继续禅修下去，有时还会呕吐。”

我告诉他，他似乎是太紧张了，禅修时应该要放松一点。

“不行，”他答道，“当我试图放松时，头晕就更严重。”

他的问题非常怪异，但他似乎很有心想要找到解决办法，因此我请他坐在我对面，让我看看他到底怎么禅修。他在我面前坐下之后，手臂、双腿还有胸膛全都夸张地僵硬起来；双眼突出，脸上还出现了可怕怪异的表情，双眉上扬，甚至连耳朵都好像要从头上分离一样，身体开始僵硬地颤抖起来。

看着他这样，我好像也要开始头晕了，所以我说："够了，请停下来。"

他放松了肌肉，脸上怪异的表情消失了，双眼、耳朵和眉毛也都恢复成原来的样子。他看着我，急着想知道我的意见。

"好，"我说，"现在我来禅修，你看着我，就像我刚刚看着你一样。"

于是我坐在自己的座位上，像平常一样挺直脊椎，放松肌肉，手轻轻地搁在双腿上，眼神轻松地直视前方，让心觉知地安住在当下。我看着这个人把我从头打量到脚趾，又从脚趾打量到头，再从头打量到脚趾。然后我结束禅修，告诉他，这就是我禅修的方式。

一会儿之后他才缓缓地点头说道："我想我懂了……"

这时，登机的广播声响了，我和他的座位刚好在不同区，因此我们便各自上了飞机，飞行途中我也没再看到他。

然而，飞机降落之后，在下飞机的旅客群中我又看到了他。他招招手，走过来对我说："你知道吗？我刚才试着用你告诉我的方法来练习，结果在这整趟航程中，我竟然可以不断地禅修而不会头晕。我想，我终于了解在禅修中放松是什么滋味了，真的非常谢谢你。"

当然，过度用力也有可能会有鲜活的体验，但一般而言，过度用力所产生的结果通常可分为三种：第一，试图觉察所有通过心中的念头、情绪和感官知觉，是非常耗神的，这样会让你变得疲劳或迟钝；第二，试图觉察每一个念头、情绪和感官知觉，会让你感到心神不宁或坐立不安；第三，你也可能会发现心中完全一片空白，每一个你看到的念头、情绪和感受与选取的对象，就这样快速掠过，一一逃过你的觉知。如果发生了上述三种状态，你就会顺理成章地下结论说，禅修的体验并非想象中那么好。

事实上，**禅修的重点就是要放下你对禅修的所有期待。你的本然心所具有的一切特质——寂静、开阔、放松与清明，原本就已经在那儿了。**你并不需要特别做什么，也不需要转换或改变你的觉知才能够得到它们。觉察自心时，你唯一要做的就是去认出自心原本具有的特质。

照亮黑暗

我们无法将光亮处与阴暗处的交接点清楚划分开来，因为这两者是如此接近彼此。

祖古・乌金仁波切，《如实》

就像发展对空性的觉知一样，学习体会心的明性是一个渐进的过程。首先，你掌握到重点，慢慢地对其愈来愈熟悉，之后就持续不断地训练这种认识力。有些典籍将这缓慢的认识过程比喻为老牛撒尿，这是个很好、很实际的比喻，它让我们不再觉得这个过程很困难或很抽象。

然而，除非你是藏区游牧民，或者刚好在农场中长大，不然，这个比喻对你来说可能也是“丈二和尚摸不着头脑”，不容易马上理解。就让我为你解释一下吧——老牛撒尿时，不会一下子快速射出，而是慢而稳定，开始时尿量不多，结束时也不会倏然而止，老牛可能边走边撒，撒上几米远，还一边吃着草呢。但是，撒完尿之后，可真是通体舒畅啊！

就如同想要定义“空性”一样，明性的本质是无法完整定义的。若是勉强为之，你只会将明性理解为脑中的一个概念，心想：“好吧，我懂了，我的心是清明的，然后呢？”明性的纯然面貌必须靠亲身体验得知，当你体悟到明性时，根本不会有“然后呢”的问题，懂了就是懂了。

想一想，试图描述某种超越语言文字所能形容的东西是多么困难！这样你大概可以稍稍体会到，佛陀对学生解说心的本质时，必须面对的是一种什么样的挑战，因为这些学生无疑也跟我们一样，都在寻找某种明确定义，可以让他们自以为比世界上其他人更聪明、更敏锐，而引以为傲。

为了避免落入这种陷阱当中，我们都看到了佛陀后来选择用隐喻和故事来说明这难以描述的境界。为了让我们从日常生活经验中了解何谓“明性”，佛陀用了解释空性时所举的相同例子——梦境。

佛陀要我们想象一下睡眠时处于完全黑暗的环境中，拉上窗帘，双眼紧闭，将心完全放空。佛陀解释道，从这黑暗之中，色相和经验逐渐显现而出。梦中，我们会遇到熟人或陌生人，也可能会发现自己置身熟悉之地或想象出来的新环境里。我们在梦中所经历的事件，可能是实实在在经历过的萦绕回响，也可能是以前从未想象过的全新经历。在梦中，任何经历都有可能发生，而这种能够在睡眠的黑暗中照亮并辨识出各种人、地、事的亮光，就是心的清净“明”性层面。

梦境的例子和真实“明性”的认识之间的主要差别在于，我们大部分人连在梦境中都还是会在“自”与“他”（人我）、地点和事件之间作分别，但真正认出明性之后，我们就不会再有这种分别，因为本然的心是没有这种分别的，它并不是“我在此处体验明性，而你在彼处体验明性”。**明性，犹如空性，是广大无垠的，没有限制，没有起始，也没有终点。**我们愈深入检视自心，就愈不可能在“自心结束”与“他心开始”①之间找到清晰的分界线。

当“自”与“他”之间的区别开始逐渐褪去时，就会进而跟其他众生以及周遭世界产生一种较温和、流畅的认同感。通过这样的融合感，我们就能体会到，这个世界毕竟没那么可怕，敌人其实并非敌人，他们也跟我们一样渴望快乐，并尽其所能地追寻快乐，而且每个人都具有洞察力、理解力与智慧去看透外显的差异，进而发掘既能利益自己也能利益他人的方法。

显相与幻相

见具义为具义，见无义为无义，如此即是能正知。

——《法句经》

① “自心结束”与“他心开始”是大手印的禅修方法。

心就像舞台上的魔术师，可以让我们看到根本不存在的东西。我们大部分人都被心所制造出来的幻相迷惑了，而且还鼓励自己制造更多怪异的幻境。这些由心所虚构出来的剧情，会产生如我的一些学生所称的“肾上腺素激增”或“快感”，让我们觉得自己或所要面对的问题比实际情况还重要。即使有时制造这些快感的情境很可怕，我们还是会上了瘾似的乐此不疲。

就像我们看到魔术师从帽子里拉出一只兔子后鼓掌叫好一样，我们也爱看恐怖电影，读悬疑小说，涉入复杂的人际关系，跟老板或同事争吵等。奇怪的是，我们其实很乐于享受这些经验所带来的紧张感，这可能跟大脑最古老的爬虫类脑有关吧。通过强化“我”有别于“他”的感受，让我们更加确认一种独立的自我感。但诚如上一章所说，“自我”本身其实只是显相而已，根本没有本具的真实性。

有些与我交谈过的认知心理学家把人类的心比喻为影片投影机。犹如投影机将影像投射到屏幕上一样，我们的心将种种感官经验投射到我们认定是“外在世界”的认识屏幕背景上，同时，也将念头、情绪和感官知觉等投射到我们认为是内在世界或“我”的屏幕上。

这非常接近佛教观点所说的绝对和相对真理。“绝对真理”即是空性。在对空性的了悟中，我们能凭直觉体悟到，自己所取的对境是一连串可能事件的无穷且瞬间变化的推移。而当你开始认出自己所领受的一切外在境相，只不过是短暂且因缘和合的事件显相时，这些事件就不会再压得你喘不过气来了，然后整个“自”与“他”（外界）二元对立的结构就会逐渐瓦解。“相对真理”是由谬误的观点所生起的各种经验，而这种谬误的观点则源于认为自己所感知的一切都是独立、不变的实体。

不过，认为事物存在于“外界”或“内在”的这种习性，是很难完全断舍的。这意味着要放下你所珍爱的幻相，认出从自心投射出的一切，即你认为是“他”（外界）的一切，事实上都只是自心自然的显现罢了。而这也意味着要放下“关于实相”的想法，如实地体验实相的相续之流。不过，你也不需要完全摆脱自己的感知，不需要把自己孤立在山洞中或到山里闭关：你无须刻意地投入，**只要以一种在梦中体验对境的方式来看待一切情境，就能尽情地体验这一切经历，如此，发生在眼前的种种经验，就会开始让你感到惊奇连连。**

认出显相与幻相之间的区别之后，你会发现，某些自己所取的对境可能是错误或偏颇的，也发觉自己对所有现象先入为主的成见是如此牢固，以至于除了自己的观点之外，看不到其他的观点。我也发现，当我开始认出自心的空性和明性时，我的生命逐渐变得超乎自己所能想象的丰富与清明。而一旦摆脱对事物的成见后，我便能开始依据如实的经验和自身当下的实际状态，自在地对自己的经验作出回应。

明空一体

我们的真实本性具有取之不竭的宝藏。

——弥勒菩萨，《大乘无上续论》

据说佛陀教导了八万四千法门，以帮助不同根器的众生认证心的力量。我自己尚未学完所有的法门，因此无法担保这数目是否确切。也许他教了八万三千九百九十九种，或者八万四千零一种也不一定。然而，佛陀教法的重点可浓缩为：**心是一切经验的本源，改变了心的方向，就可以改变所有经验的品质；当你转化自己的心之后，你所经历的一切也会跟着转化。**这有点像戴上黄色镜片的眼镜，你所看到的一切也突然都变成了黄色；如果戴上绿色镜片，那么你所看到的一切也都会变成绿色的。

由此可理解，“明性”是心的创造面，你所体验的一切都是通过自身觉性的力量得到的。自心的创造力确实是无可限量的，而这个创造面正是明性与空性一体的自然结果。“明空一体”在藏文中称为“玛嘎巴”（magakpa），也就是“无障碍”[①]，有时，“玛嘎巴”也译为“力量”或“能力”，但意义相同，都是指心体验万事万物的自主能力。

对自心的真实能力认识愈多，你就愈有能力开始练习如何掌控自己的经验。痛苦、悲伤、恐惧、焦虑以及其他烦恼，不会再像以前一样那么容易就瓦解你的生命，而你曾经视为障碍的经验也将成为让你更深入了解自心无碍本质的机会。

快乐与痛苦的感受遍布于生命的各个阶段，而这些感受似乎大多跟身体有关。按摩、美食或热水澡，一般被认为是愉悦的生理体验，而手指烫伤、打针或大热天堵车时车内刚好没冷气，则被认定为痛苦的生理体验。事实上，不管你觉得这些情境是痛苦或愉悦的，

---

① 无障碍，unimpededness，藏文，不受障碍，一般译为“能力”或“力量”，是佛性的一种面向，超越个人惯有的受限感。

这些体验其实并不取决于生理性的感官知觉本身，而是取决于你对这些情境的感知方式。

> 举例来说，有些人就是无法忍受炎热或寒冷，他们说大热天到外头去会把他们热死，流几滴汗就会让他们觉得非常不舒服；到了冬天的时候，又无法忍受几片雪花飘到头上。但是，如果他们信赖的医生说，每天花个 10 分钟做蒸气浴可以让他们更健康，那么他们通常就会接受医生的建议，去做这原本不能忍受的事，甚至花钱也在所不惜。坐在蒸气室里，他们想着："流了这么多汗真好！真是舒服极了！"他们之所以能够这样做，是因为他们转换了自己对炎热和流汗的心理感知。由此可知，炎热和流汗其实只是被赋予不同意义的现象罢了。如果医生还告诉他们，做完蒸气浴后冲个冷水澡会促进血液循环，那么他们就会学着接受寒冷，甚至还会觉得这真是个提神的好方法呢。

心理学家通常将这种转化称为"认识重整"。由于在经历情境时运用了"意愿"和"注意力"，人们于是得以将经验的意义，从痛苦或难以忍受的状态转变为可容忍，甚至是愉快的状态。假以时日，认识的重整就会在大脑建构起新的神经元传导路径，尤其是在脑边缘区域，因为大部分的痛苦和愉悦感受都是由这个区域负责辨认和处理的。

假如我们所取的对境真的是一种受制于过去经验与当下自我期许的心理建构，那么，我们所专注的对境和专注方式就成为决定自我经验的重要因素。**愈深信某事物是真实的，它就愈可能成为真实的经验。**因此，如果我们相信自己是软弱、愚笨、无能的，那么无论我们真正的特质是什么，即使朋友和同事对我们另眼看待，我们还是会觉得自己很软弱、愚笨又无能。

当你开始认出自己的经验只是自我的投射时，会发生什么呢？当你开始对周围的人或曾经让你恐惧的事物不再感到畏惧时，会发生什么呢？从某种观点来看，什么也不会发生，但从另一个观点来看，什么都有可能发生。

| 第七章 |

悲　心

无尽的慈悲自然地涌向被自我幻相所囚禁的一切有情众生。

——卡卢仁波切，《明光之心：成佛之道》

想象你生活在一个小小的房间里，房里只有一扇上了锁且肮脏的沾满污垢的玻璃窗。你可能以为窗外的世界是个昏暗且令人沮丧的地方，并充斥着各种奇形怪状的生物，因为每当它们经过窗前时，污秽的玻璃上就会映现出可怕的影子。假设有一天，你不小心把水泼溅到窗户上，或者暴风雨席卷后雨水渗了进来，你随手拿起抹布或拉起衣袖一角将水渍擦干。这时，窗玻璃上的一小块陈年污垢被擦掉了，忽然间，一道光束从玻璃透了进来。这擦起了你的好奇心，你更使劲地擦拭窗户，随着污垢被擦净，更多的光线涌入房里。"也许，"你心里想着，"这世界并非如此昏暗或沮丧，也许只是因为窗户太脏的缘故。"

你走到水槽边，取了更多水（也许还拿了更多抹布），你不停地擦拭，直到擦净整面窗户的污垢。窗外的光线就这样倾泻而入，然后，或许是有生以来第一次，你认出了投射在窗户上令你恐惧的怪异影像竟然是人——就跟你一样！此刻，从你觉性深处生起了一种想要互动交流的直觉性冲动，让你想要走出去，到大街上跟大家在一起！

实际上，你并未改变任何事。世界、光线，还有人群，一直都在那儿，你只是因为视线被阻碍而无法清楚看到他们罢了。但你现在完全见到了，这前后的感受差异，真是天壤之别啊！

这就是佛教传统所说的“悲心觉醒的黎明时刻”，亦即能够同情和理解他人感受的本具能力觉醒了。

关于悲心的生物学说

具有大悲心的人即掌握了佛陀的所有教法……

——《经集论》

就某种层面而言，佛教徒所理解的“悲心”跟一般世俗所认定的稍有不同。对佛教徒来说，悲心不仅止于怜悯他人，悲心的藏文是“宁洁”（nyingjay），意指“心全然地开放”。最接近“宁洁”的英译可能是“爱”，然而却是一种毫无执着、不求任何回报的爱。在藏文中，所谓的“悲心”是一种与所有生物相连的自发感受。你的体验我感同身受，我的体会及感受你也有同感，你我之间并无差异。

从生物学角度而言，人类回应周遭环境变化的生物本能是相当单纯的，即是直接地避开生存的威胁，并掌握可以增进自身安乐的机会。只要翻开历史，就不难看到，人类发展史通常就是以弱者的鲜血所写成的一部暴力血泪史。

然而，同样也是这种促使我们趋向暴力的残酷生物本能，让我们不但可以抑制侵略性行为，更能够战胜自私的生存冲动，而生起愿意帮助他人的欲望。在 2003 年举办的“心与生命学会”研讨会上，哈佛大学教授杰若米·卡根（Jerome Kagan）所发表的演说给我的印象特别深刻。他说，除了侵略倾向外，我们的生存本能更提供了强烈的生物性趋向，让我们具有慈心、悲心、爱心和抚育心。

我曾听说许多关于第二次世界大战的故事，当时有许多人冒着生命危险，提供避难所给那些遭纳粹分子追杀的欧洲犹太人，还有很多现代无名英雄宁愿牺牲自己的福祉，尽心尽力帮助那些饱受战争、饥荒与国家暴政摧残蹂躏的受害者。此外，我有许多西方弟子都是膝下有子女的父母亲，他们不仅牺牲自己大量的时间、精力接送孩子参加运动竞赛、音乐活动及其他各种活动，同时也为了孩子的教育，耐着性子慢慢在存钱。

从个体而言，这样的牺牲确实象征某些超越个人恐惧和欲望的生物因素存在。而在人类所建立的文明社会中，至少都认同应该照顾并保护穷人、弱者和无力自卫者，这个事实支持了卡根教授的结论：“道德感是我们人类的一种生物特性。”

卡根教授的论点跟佛陀教法的精义几乎完全相呼应：**我们愈是能够清楚看到事物的原貌，就愈乐意并且也更能够对其他众生敞开**

心胸。当我们由衷体会到，其他众生因为不认识自己的真实本性，而经历着痛苦和不快乐时，我们自然而然就会被一种甚深的悲愿所感，祈愿他们也能像我们一样体会到相同的宁静和清明。

“认同”彼此的“不同”

辣的种子生出辣的果实，甜的种子生出甜的果实。

就我所知，人与人之间的大部分冲突都来自对彼此动机的误解。我们的所作所言，其实都有自己的理由，然而，我们愈是能让慈悲心引导自己，即暂缓片刻，试着设身处地去了解他人的理由，就愈不容易卷入冲突之中。即使问题真的发生了，如果我们可以深呼吸一下，以开放的心胸仔细倾听，那么就会发现我们可以更有效率地处理冲突事件，就好像让波涛汹涌的水面平静下来，并以一种既无“赢家”也无“输家”的皆大欢喜方式，消弭彼此的分歧。

举例来说，我有个朋友住在印度，他的邻居养了一条脾气很坏的狗。印度跟其他国家不太一样，前院的围墙都很高，出入口是大门，不是栅栏门。我朋友家前院的大门和邻居前院的大门距离很近，每次他从家里出来，这只狗就会从邻居家夺门而出，对他咆哮狂吠，龇牙咧嘴、毛发倒竖的模样很可怕。这还不够，这只狗后来还养成了一种习惯，即干脆冲进我朋友家的院子里，咆哮如雷，造成可怕的骚扰。

我朋友花了很长时间思考如何处罚这只狗，最后他灵机一动，用棍子将前院大门推开一条缝隙，而且松垮地堆了几个小而重的东西在大门上方，下次这只狗再推开他家大门的话，重物就会掉落下来，狠狠地教训它一番，让它永生难忘。

设置好陷阱之后，我朋友坐在窗边，等着看这只狗闯入院子里。时间一分一秒过去了，狗却一直都没有过来。一会儿之后，我朋友打开他的日修仪轨，开始念诵，不时还抬头看看窗外的院子，但狗仍然没有出现。念到一半的时候，刚好念到一段非常古老的“四无量心”祈愿文，其中说到：

愿一切有情众生皆具乐及乐因，
愿一切有情众生皆离苦及苦因。

念着念着，他突然想到这只狗也是有情众生，而他刚才小心翼翼设置的陷阱会让这只狗受苦。“如果我再继续念诵这偈言，”他想，“我就是在说谎，也许我不该再念下去了。”

不过这也不太对劲，因为四无量心祈愿文是他的日修仪轨之一，于是他又开始念诵，诚挚地祈愿对这只狗生起慈悲心。但中途他又停了下来，想着：“不要！这只狗很坏，带给我那么多伤害，我不希望它远离痛苦或得到快乐。”

他想了这个问题好一会儿之后，终于想到一个解决办法：改动祈愿文中的几个字不就得了！因此他便开始这样念诵：

愿某些有情众生具乐及乐因，

愿某些有情众生离苦及苦因。

他很高兴找到了这个解决方式。念完祈愿文，吃过午饭，也忘掉了关于这只狗的事情，他决定在天黑之前出去散散步。匆忙之间，他忘了曾经设下陷阱一事，因此一拉开院子的门，堆放在门上的所有重物便统统掉落在他头上。

我们可以说，这至少是个猛然觉醒。

不过，我的朋友从这痛苦的结果中懂得一个非常重要的道理——把任何众生排除在离苦得乐的机会之外，其实同时也排除了自己。意识到自己成为缺乏悲心的受害者之后，他决定改变策略。

隔天早上他出去散步时，带了一小块糌巴。这是一种用大麦粉、盐、茶和奶油块做成的面团，也是藏人早上吃的一种食物。他一踏出家门，邻居的狗马上就冲了过来，跟往常一样狂吠嚎叫。不过，这次他没有再咒骂这只狗了，反而把带来的糌巴丢给它。才叫到一半呢，这只狗惊讶地停了下来，用嘴去接糌巴，开始咀嚼了起来。虽然还是龇牙咧嘴地咆哮着，但它已经因喂食而分了心，并停止了攻击。

这个小游戏持续了好几天。我朋友一踏出院子，狗就会冲出来，边咆哮边去接他手里丢出来的糌巴。几天之后，我朋友注意到，狗嘴里嚼着糌巴时，虽然还是会龇牙咧嘴地咆哮狂吠，但已经开始对他摇尾巴了。一个星期过后，这只狗看到他时，已经不再作势准备攻击，而是跑过来迎接他，快乐地等着被喂食。到最后，他们之间的关系已发展到每当他念诵每日祈祷文时，这只狗便会安静地快步来到他的院子，和他一起坐在太阳底下。现在，他可以很安心地祈求“一切有情众生”的快乐与解脱了。

一旦我们可以认出其他有情众生，诸如人、动物甚至昆虫等，其实也都跟我们一样，基本动机都是想要得到平静、避免受苦，那么，即使有人做了跟我们意愿相左的事、说了不中听的话，我们也能够了解到：“哦，这个人（或这个众生）的出发点是如此这般，就像我一样，他们也想要快乐，也想要远离痛苦，这是他们的基本目的。他们并非真的想要为难我，他们只是在做自己认为该做的事而已。”

悲心是心自然发生的智慧，无时无刻不与我们同在，一直以来都是如此，而且永远都是如此。当悲心在我们心中生起时，就是我们已经学会看到自己其实是多么强壮且安全无虞。

| 第八章 |

我们为何不快乐？

所有的有情众生都倾向于做无益的事。

——蒋贡·康楚·罗卓泰耶，《了义炬》

我在二十几个国家巡回讲学近十年之久，见识过许多怪异和奇妙的事，也听过很多怪异和奇妙的故事。有些是人们在我公开授课时提出的，有些则是在个人咨询时发生的。不过，最让我感到惊讶的是，物质生活充裕的人所经历的痛苦程度，竟然跟物质生活贫乏的人相差无几。虽然他们的痛苦方式在某些方面跟我在印度与尼泊尔通常见到的有所不同，但痛苦的强度却明显可以感觉得到。

我开始意识到生活在富裕环境的人们这么不快乐，是在头几次拜访西方国家，友人带我参观当地的观光地标时。首次看到帝国大厦或埃菲尔铁塔的时候，这些设计师的才华，以及建筑工作人员之间高度的团队合作与决心，让我不禁为之动容。但是当我们到达观景台时，我却发现视野所及之处都被铁丝网环绕，四周也都有警卫在巡逻。我问友人为什么会有这些铁丝网和警卫。他们告诉我，安全警戒是为了预防有人从这里跳楼自杀。这真是令人感到悲哀极了，因为，能建造如此雄伟建筑的社会，竟然需要采取如此严厉的措施，以防止人们以这么美丽的纪念性建筑作为自杀工具。

安全警戒并没有影响我对这些美丽建筑和建筑技术的欣赏，但是参访这些地方几次之后，我终于开始明白这些安全警戒跟我观察到的其他现象之间的关联性。虽然人们生活在物质充裕的文明中，也常面带微笑，但是，他们眼中却不时流露出不满，甚至是绝望。在我的公开或私人谈话中，人们也总绕着“如何变得更好、更强”或“如何克服‘自我憎恶’”之类的问题打转。

到过的地方愈多，我就愈清楚地看到，**生活在高科技、高物质成就社会里的人跟生活在落后地区的人一样，也经历着痛苦、焦虑、寂寞、孤独和绝望等感受**。有好几年时间，我在公开授课和私人谈话中，都会主动提出一些深入的问题以了解状况。这些交谈使我体会到，当外在或物质发展的速度超前于内在知识的发展时，人们承受着强烈的心理矛盾冲击，却苦于没有解决烦恼的方法；而丰富的物质享受也相对地带来了各种外在的干扰源，使我们跟内在世界失去了联系。

举例来说，想一想有多少人总是拼命地在寻求刺激感？他们多么期待去光顾新开张的餐厅，开始一段新的人际关系，或者更换不同的工作。这些崭新的人、事、物确实提供了短暂的刺激，但是过了一阵子之后，这些兴奋感就又会逐渐沉寂，什么新鲜感、新朋友，或者新任务又开始变得平凡无奇了，最初的快乐也就这样凭空消失了。

于是，他们又开始尝试新花招，比如说到海边玩，这也能让人感到爽快、满意好一阵子。阳光温暖，海水也棒极了，还可以交到一大群新朋友，也许还有刺激的新项目可以玩，像是水上摩托车或拖伞等。但是没过多久，海滩活动又开始变无聊了。同样的话题反复不休，粗粗的砂子黏在皮肤上，阳光一下子太强，一下子却又被乌云遮住，一下子又嫌海水太冷了，看来，又是该换新花招的时候了。你开始想要试试不同的海滩，或许可以到别的国家看看，我们的心于是开始自创咒语[①]："我要去塔希提（Tahiti）……"

然而，这些解决方法的缺点是，它们本质上都是短暂的。一切现象都是因缘和合所生的结果，所以不可避免地都会有所改变。当产生并维持快乐的基本因素改变时，大部分人不是怪罪外在因素（他人、地方、气候等），就是责备自己（"我当时应该把话说好听一点或放聪明点"，或者"早知道，去别的地方不就好了"）。然而，由于这只不过是反映了我们失去自信，或者对原以为会带来快乐的事物失去信心罢了，因此，怨天尤人其实只会让我们更难找到真正的快乐。

真正的问题重点在于，大部分人并不了解何谓真正的"快乐"。他们发现自己创造的情境，最后反而让自己跌回原本急欲消除的不满足之中。因此，我们最好能更仔细观察一下所谓的"快乐""痛苦"，及其形成的原因。

① 咒语，mantra，梵文，用来重复念诵的特殊组合的古老音节。

情绪化的身体

情绪跟打网球一样，并不是由单一的中心所控制。

——丹尼尔·戈尔曼，《如何克服破坏性情绪？》

身体在情绪产生过程中所扮演的角色，比我们大部分人想象得重要多了。这个过程始于感知作用，而我们知道，这其中牵涉到将种种资讯从感官传送到大脑，大脑再制造出物体的概念性意象。大部分人都理所当然地认为，物体一经感知与识别之后，产生了情绪反应，接着才有生理性的反应出现。

事实恰巧完全相反。当视丘将信息向上传送到大脑的分析区域时，也同时传送“红色警戒”信息给脑杏仁核。脑杏仁核位于脑边缘系统（或称为间脑），是个形状滑稽的杏仁状神经元构造。

我们在前面曾经提过，脑边缘系统掌管的是情绪性反应，尤其是恐惧和嗔怒。因为视丘和脑杏仁核非常接近，所以从视丘传送到脑杏仁核的红色警戒，比视丘传送到大脑皮质层的信息更快到达。脑杏仁核一接收到信息，就立即启动一系列的生理反应，让心脏、肺脏，以及位于手臂、胸膛、腹部、双腿的主要肌肉群，还有负责制造荷尔蒙（如肾上腺素）的器官都活动起来。身体做出反应之后，大脑的分析区才将这些生理反应解读为某种特定的情绪。换句话说，你并不是看到可怕的东西感到害怕之后才开始跑，而是一看到可怕的东西便拔腿就跑（与此同时，你心跳加速，肾上腺素也在体内汹涌奔腾），接着才将身体的反应解读为恐惧的情绪。不过一般说来，大脑的其他部分一旦赶上身体的反应之后（通常只需几毫秒时间），你就可以开始评定自己的反应，看自己是否反应得当，同时调整自己的行为举止以符合当时的状态。

透过近年来才有的先进科技，科学家们才可以实际测量到这评定的结果。恐惧、憎恶、反感等情绪，一部分表现在大脑皮层右前方额叶神经元的强化活动，而喜悦、爱、慈悲及信心等情绪发生时，则可以在大脑左前方额叶侦测到相对较为强烈的活动。

科学家告诉我，在某些情况下，大脑评定身体反应的能力会受到抑制，结果我们会发现自己不假思索就加以反应了。在这样的例子中，脑杏仁核的反应非常强烈，因而阻断了大脑高层结构的反应路径。如此强烈的“紧急反应机制”具有非常重要的求生优势，让我们得以立即辨认出曾经让我们生病的食物，或回避具侵略性的动物。然而，只要是稍微类似的事件很容易就会触动储存在脑杏仁核的神经元模式，因此，脑杏仁核的神经元模式也会扭曲我们对当下事件的感知。

性格特质与暂时的情绪状态

一切现象皆由因缘和合而成。

——巴楚仁波切，《普贤上师言教》

从科学的角度来看，情绪分为短暂的和长期持续的状态。短暂的情绪事件包括：在家里用铁锤敲钉子修理东西时，却不小心敲到大拇指，那瞬间生起的怒气；或者有人真心赞美我们时，我们心中忽然高涨的自豪感等。以科学术语来说，这些相对短暂的事件通常被称为“暂时的情绪状态”。

长期持续且遍布在不同情境的情绪，比如，我们对某个孩子的关爱，或者对往事挥之不去的怨恨，这些都被称为“性格特质”，或“性情特质”，也是大部分人认定为某个人“性格”的一种指标。例如，假使某人脸上经常挂着微笑、积极活跃，而且总是对他人说好话，那么我们通常就会说，这是个很“讨人喜欢”的人。反之，若某个人老是皱着眉头、慌慌张张、一直窝在办公室埋头苦干，而且常常为了小事发脾气，那么我们就会说他是个“紧张兮兮”的人。

“暂时的情绪状态”和“性格特质”的差异很明显，就算没有科学知识的人也都知道。假如你不小心用锤子锤到自己的大拇指，那瞬间生起的怒气大概很快就会过去了，而且也不会让你“一朝被锤敲，终生怕锤子”。“性格特质”则比较微妙，一般来说，我们都可以辨认出自己是长期处于焦虑还是兴奋之中，而我们的性情对于常接触我们的人而言，也会愈来愈鲜明。

暂时的情绪状态是神经元之间快速的突发性对话，而性格特质则比较像是神经元之间忠诚稳定的关系。这些长期而持续关系的起源非常多，有些可能是源于基因，有些可能是严重创伤所造成，还有一些则可能是长期或重复的经验所发展出来的结果，例如我们在儿童和青少年时期所受到的生活训练等。

无论我们的性格特质来源为何，性格特质具有一种制约作用，会影响我们如何界定自己的生活，也影响我们应对日常生活体验的方式。比方说，性格上倾向畏惧或沮丧的人，通常比较会以惊惶不安的态度来面对情境；有自信的人则会以从容不迫、胸有成竹的态度来面对一切。

制约因素

痛苦随恶念而来，犹如牛车车轮尾随拉车的牛一般。

——《法句经》

生物学和神经科学说明了当我们体验到愉悦或不悦的情绪时，大脑到底发生了什么样的反应。佛学则不仅能使我们更精确地明白这些经验，也提供方法帮助我们改变念头、情绪和所接收的对境，让我们可以在基本的生物细胞层次上变成更快乐、更平和，且更慈爱的人类。

无论是主观地以佛陀所教导的正念来观察，还是客观地透过现代科学实验室的先进科技来观察，我们所说的“心”，其实是两种基本活动交互影响下的展现：一是本然的认识力（bare recognition，事物正在发生的那个单纯的觉性）；二是制约因素，这个过程不仅描述我们所感知到的事物，也决定了我们的反应。换句话说，所有的心智活动都是由“本然的感知”与“长期的神经元连接”交相作用而逐步形成。

我的老师萨杰仁波切曾对我再三谆谆教导，如果我想要快乐，就得学会去辨识并处理那些会引起冲动或性格惯性反应的制约因素。他教导的重点是，**任何阻碍我们、使我们无法不带评论地如实看待事物的因素，即可说是冲动性的。**比如说，如果有人现在正对着我们大吼大叫，我们很少会花时间去区分是本来的直接感官认识“哦，这个人提高了音量，正在说这个、说那个”，还是情绪化反应：“这个人真是个浑蛋！”我们倾向于将直接的认识和情绪反应混在一起："这个人正在对我大吼大叫，因为他是个大浑蛋！"

但是，我们如果能够退一步，客观地看看当下的情况，很可能就会发现，对着我们大吼大叫的这个人所恼火的事，也许跟我们毫不相干，也许他才刚被上司训斥，生怕自己被炒鱿鱼，也许他刚刚得知某个亲友生了重病，又或者他跟朋友或伴侣吵了架而没睡好。不幸的是，制约因素的影响力太强烈了，以至于我们很少会想到，我们其实可以退一步海阔天空。而且，由于我们的理解是如此有限，因此通常会以偏概全，错认一些事实。

我们的见识如此短浅有限，也没有通盘了解事实真相，如何能做出适当的反应呢？套句美国法院开庭时都会说的话："……（我所说的一切）是全部的真相，除了真相，还是真相。"在日常经验中，**我们必须认出的"真相"就是"每个人都想要快乐"。然而很可悲的是，大部分人寻求快乐的方式，反而让他们跟自己的愿望背道而驰**。如果我们能够认清一切情境的真相，那么我们唯一的反应就会是慈悲。

烦　恼

是谁用什么方式制造了地狱的武器？

——寂天菩萨，《入菩萨行》

在佛教名相中，制约因素通常被称为"烦恼"，有时候也被称为"毒"。许多佛教心理学典籍都对烦恼做了广泛研究，且一致公认有三种主要烦恼，它们形成其他烦恼，让我们无法看清事物的真实面貌。这三种烦恼是：愚痴、贪着和嗔念。

愚　痴

愚痴即是无法体会自心无限的潜能、明性和力量，就像透过有色眼镜来看这个世界一样，无论你看到什么，都已经被镜片的颜色所伪装或曲解而失真了。就根本层面来看，愚痴将觉性基本的开放体验曲解为一种固有的二元对立——“自”与“他”。

因此，愚痴可以说是一种双重问题，一旦我们认定自己是单一且独立存在的“自我”，设定了这样的神经元习性之后，我们必然会将“非自我”的一切视为“他”。“他”可以是任何事物：桌子、香蕉、他人，甚至是这个“自我”正在想或正在感受的事物，因而我们所经历的一切都变成了陌生人。一旦习惯了分别“自”与“他”，我们就会把自己囚禁在二元对立的感知方式中，在“自我”与“外在世界”之间画出概念性的分界线。这个“外界”看起来是多么广阔，让我们禁不住觉得自己是多么渺小、有限又脆弱啊！我们开始把他人和物质视为快乐或不快乐的可能来源，生活因而变成一种争斗拼搏，必须在他人捷足先登之前，抢先得到所需的一切以获得快乐。

梵文中，这样的争斗拼搏被称为“娑婆”或“轮回”，字面上的意思就是“车轮”或“循环”。所谓的“轮回”，特别是痛苦的轮回或循环，是一种不断重蹈覆辙的习性。我们一再依循相同的经验，却期望得到不同的结果。如果你看过猫或狗追着自己的尾巴跑，那你就懂得“轮回”的意义了。虽然看猫或狗追着自己的尾巴跑好像很有趣，但是，当你自己的心这么做的时候，可是一点也不好玩。

轮回的反面就是涅槃，但这个名相和“空性”一样，几乎完全被误解了。梵文中，涅槃可直译为“熄灭”或“吹熄”（就好像吹灭蜡烛一样）。涅槃通常被诠释为一种完全喜悦或快乐的状态，而这种喜乐是熄灭“自我感”或“有我的概念”之后油然生起的。这样的解释就某种程度来说是正确的，但没有考虑到，具有形体的我们大多生活在一个相对的世界中，处处都得注意到伦理、道德、法律和身体的差异。

生活在这个世界，却不愿意接受它的相对性差异，就跟企图逃避生为左撇子或右撇子一样可笑与困难。这样逃避又有什么意义呢？对涅槃更正确的诠释是，采用一种更开阔的观点来看相对世界中的种种体验，即接纳所有体验，不论快乐或痛苦，全都是觉性的展现。大部分人当然都只想经历快乐的“高音符”，不过，最近我的一个学生指出，若是将贝多芬的交响曲或任何现代歌曲里的“低音符”都删除的话，乐曲就会变得很粗劣且空洞。

把“轮回”和“涅槃”当作是一种看待事物的观点，应该是比较贴切的解释。**轮回是以“界定或辨认体验是痛苦或不悦”为基础的观点，而涅槃则立足于“心完全客观的状态”，即不评论、不分别地接受所有体验**。这开启了我们看到答案的潜能，那答案也许不是直接与自我生存有关，但却与一切有情众生的生存更有关联。

因此，我们就要来探讨三种主要烦恼中的第二种。

贪　着

由“他”中分离出来的“自我”感知，其实是一种生物机制，是神经元之间已经建构的对话模式，持续对其他神经元系统发出信号："我们每一个人都是个别、独立存在的生物，我们需要某些东西才能维持生存。"由于我们活在肉体中，因此氧气、食物和水等确实是不可或缺的。此外，有人曾与我谈及关于婴儿存活的研究，报告显示，为了生存，我们需要一定程度身体方面的滋养，例如我们需要被触摸，需要有人跟我们说说话，也需要有人认同我们的存在。

然而，当我们将"生物必需要素"概括为"与基本生存无关的事物"时，问题就来了。佛教名相中，这种概括性被称为"贪着"或"欲望"，而这跟愚痴一样，都具有神经元的生物基础。

举例来说，假使吃巧克力的时候感到愉悦，我们就会建立起一种神经元连接，这种连接让我们将巧克力与生理的愉悦感画上等号，但这并不表示巧克力本身是好东西或坏东西。巧克力原本就具有制造生理愉悦感的化学成分，导致问题真正产生的是我们神经元对巧克力的贪着。

贪着在很多方面跟上瘾没两样，是对外物或经验的一种强迫性依赖，以便制造出一种"完满"的假相。不幸的是，就如同所有上瘾症状一样，贪着会随着日久月深而愈演愈烈，纵使得到了梦寐以求的人、事、物，但我们所经历的"满足感"是不会长久的。无论是今天、这个月或今年，让我们快乐的任何人、事、物也都注定会改变——"改变"，是相对实相中唯一不变的事实。

佛陀将贪着比喻为饮用海洋中的咸水，喝得愈多，就愈口渴。同样的道理，**当我们的心被贪着所制约时，无论拥有多少，我们永远都无法真正感到满足。我们失去了区别什么是"快乐的直接体验"，什么又是"暂时让我们快乐的对境"的能力。**所以，我们不仅变得愈来愈依赖外境，也强化了“依赖外境给予我们快乐”的这种神经元模式的制约。

你也可以把巧克力代换成其他东西，对某些人来说，人际关系是快乐的关键。见到某个具有魅力的人时，他们就会想尽办法接近这个人，但当他们终于达到目的，跟这个人建立起关系时，彼此间的关系却又不如原来所想象的那样令人满意。为什么？这是因为他们所贪着的并非外物，而是大脑神经元虚构出来的故事罢了。这个故事以多层次的方式进行着，内容从达到欲求之后可能得到的好处，乃至得不到时会面临的恐惧等等。

很多人都以为，如果能够获得意外的好运，比如说赢得彩票大奖，就会让他们快乐得不得了。但是我的学生告诉我，由菲力普·布林曼（Phillip Brinkman）所做的一项有趣的研究显示，新近中奖的人并没有比“未经历暴发户兴奋感的人”更快乐。[①] 事实上，中奖的人说，在最初的兴奋激动消退之后，他们日常生活中的乐趣，像是跟朋友聊天、得到赞美，或只是看看杂志的乐趣，跟不曾经历过这样重大改变的人比起来，反而相对地减少了。

> 这个研究让我想起了很久以前听到的一则故事。有一个老人买了奖金高达一亿元的彩票，但买了彩票之后不久，他就因为心脏病发作而被送到医院。医生嘱咐他一定要多休息，并且

① 菲力普·布林曼（Philip Brinkman）. 中奖者与意外受害者：快乐是相对的吗（Lottery Winners and Accident Victims：Is Happiness Relative）.《个性与社会心理学》（*Journal of Personality and Social Psychology*）. 第 36 期，第 917 页。

严禁接触任何会让他兴奋的事物。就在老人住院期间，他所买的彩票竟然中了大奖。由于正在住院，所以他对幸运中奖一事当然毫无所知。不过，他的孩子和妻子知道后便前往医院，想要告诉他这个好消息。

到病房探视他之前，他们先去见了医生，告知有关老人幸运中奖一事。一说完，医生便要求他们先不要跟老人提这件事。"他会太过兴奋，"医生解释说，"这会让他心脏病发死亡。"老人的妻子和孩子跟医生争辩了起来，他们相信这个好消息会让他病情好转。不过，到最后他们还是同意让医生用和缓的方式去宣布这个好消息，让老人不至于过度兴奋。

于是老人的妻子和孩子便坐在大厅等候，而让医生进去病房。一开始，医生先是询问老人的症状、感受等。问了很多问题之后，才随意地说："你有买过彩票吗？"老人回答说，其实就在住院前，他才买了一张彩票。

"如果你中了奖，"医生问道，"你会觉得怎么样？"

"嗯，如果真的中了奖，那很好。没中奖的话，也没关系。我已经是个半只脚踏进棺材的人了，中不中奖都无所谓。"

"你不会真的这样想吧！"医生若无其事地说道，"如果真的中了奖，你一定会兴奋得要死，对不对？"

但老人却答道："不会！事实上，如果你有办法让我病情好转，我会很乐意分给你一半的奖金。"

医生笑了："别想这档子事了，"他说，"我只是随意说说而已。"

但是老人很坚持："不，我是说真的。如果你可以让我病情好转，我又真的中了奖的话，一定会分给你一半的奖金。”

医生又笑了。“要不然，你把刚刚说的话写在纸上，”他开玩笑地说，“说你会分给我一半奖金，可以吗？”

“好啊，就这么办。”老人同意了，伸手从床边桌子上拿起便条纸，缓慢无力地写了一张分给医生一半奖金的同意书，并在上头签了名，然后交给了医生。医生盯着这张同意书和老人的签名，知道他就要得到这么多钱了，一阵兴奋，竟然当场就倒地身亡。

当医生倒地时，老人大叫了起来。听到老人的叫声，他的妻子和孩子恐惧极了，以为医生一语成谶，老人因为这个消息兴奋过度而心脏病发身亡！他们冲进病房，只见老人坐在床上，医生却倒卧在地上。当护士和其他医生冲进来试图抢救医生时，家人便悄悄告诉老人有关中奖一事。出乎大家意料之外，老人对于赢得一亿元奖金似乎并不怎么兴奋，这个消息也没有对他造成任何伤害。

事实上，几个星期之后，他的病情逐渐好转，终于可以出院回家了。当然，他也很高兴可以享受从天而降的财富，但他并不贪着这些财富。相反，这位医生却因为太执着于获得巨额财富，过度兴奋而让心脏承受不了，就这样一命呜呼了。

嗔　念

每个强烈的贪念都会引发相对强度的恐惧，因为唯恐得不到所求，或害怕失去所得。以佛教的语言来说，这样的恐惧就被称为“嗔念”，它是一种抗拒，即拒绝接受相对真理的无常本质所导致的必然变化。

恒常且独立存在的自我概念驱使我们拼命抵抗不可避免的改变，以确保“自我”可以处于安全牢靠的状态。一旦我们达到自觉完满的某种状况时，又希望一切都维持不变。我们愈是贪着那些让我们感到完满的事物，就愈害怕失去。假如有一天真的失去了，痛苦就来得愈加猛烈。

嗔念有如一种自我应验。由于“自身不够圆满，必须依赖外境才能获得快乐”的观念，使得我们为求取快乐而做的所有努力注定要失败，而让“自身不够圆满”的看法成真。想一想自己在喜爱的人面前的行径就知道了。你是不是尽己所能地让那个人认为你很优雅、高贵且自信？或者有时候你突然就像个呆子似的结结巴巴说不出话来？如果这个人跟别人有说有笑，你是否感到受伤且嫉妒，而且还不经意或明显地流露出你的痛苦与嫉妒？你对这个人的贪着是否强烈到让他（她）感受到你那不顾一切的疯狂，因而开始避着你？

嗔念会强化你那自认受限、脆弱，以及不完满的神经元模式，因为，任何可能对这个心理建构而成的“自我”独立性造成的破坏，都会被视为一种威胁，会让你不自觉地耗费大量心力，密切监视着周遭潜在的危机。肾上腺素在你体内汹涌呼啸，让你心跳加速、肌肉紧绷，肺叶像鼓风机一样疯狂起伏，这些感受都是压力过大的症状。许多科学家告诉我，这可能会导致各式各样的问题，包括忧郁、失眠、消化不良、起疹子、甲状腺与肾脏机能失常、高血压，甚至高胆固醇等。

纯粹就情绪性层面而言，嗔念通常会以愤怒甚至仇恨的状态显露出来。你没有认出自己所感受到的痛苦，其实是基于心理建构的意象，反而“理所当然地”责怪他人、外在事物或情境造成了你的痛苦。当有人表现得像是要妨碍你得到你想要的事物时，你就开始认为他们很不可信赖或不安好心，然后你就会想尽办法避开他们，或对他们进行反击。在愤怒的操控下，你把所有的人、事、物都视为敌人，结果导致你的内在和外在世界愈来愈狭小；你对自己失去了信心，也强化了产生恐惧和脆弱感的特定神经元模式。

烦恼或契机

好好思考这可贵人身的种种利益。

——蒋贡·康楚·罗卓泰耶，《了义炬》

我们很容易就会把烦恼视为性格上的缺陷，然而，这却是对自己的一种贬抑。我们感受情绪的能力、区别痛苦和快乐的能力，以及体验“直觉”的能力，一直在求生功能上扮演着关键性角色。它让我们可以立即适应周遭世界的微细变化，并有意识地整理归纳这些适应经验，以便能够随意唤出运用或传递给下一代。

如此非同寻常的敏感性也强化了佛陀最基本的教导之一，抑或是让我们再次去思考人身有多么珍贵。它给了我们高度的自由与种种机会，这样的人身是多么难得，却又多么容易失去啊。

不论你相信人类的生命是宇宙的意外，还是业力的作用，或者是某种神圣造物主的杰作，你只要停下来想一想，与同住在这个星球上的其他生物相比，人类在比例上仅仅占了极少数，你就不难明白生为人类的概率真的是微乎其微。再加上**现代科学向我们揭示了人脑不可思议的精密与敏感度，更提醒我们生而为人是多么幸运，具备了能够感受觉知周遭事物的特有能力。**

从佛教徒的观点来看，人类情绪习性的惯性本质代表了一种有趣的挑战心理，不需要显微镜就可观察到这种心理习性。对大部分人而言，只要回想上一段感情就够了，一开始他们总是会想："这次铁定跟上次不同。"然而，几星期、几个月，或者几年之后，他们就会恨不得去撞墙，想："哎呀，真是糟糕！这跟我上一段感情有什么两样？！"

或者，你也可以观察一下自己的职场生涯。刚开始一个新工作的时候，你想："这次我一定不要再一直加班，最后还被批评不够努力。"然而三四个月过后，你发现自己又开始取消邀约，或临时打电话给朋友说："今天晚上我没办法跟你去吃晚饭了，还有一大堆工作要做，我得加班。"

先不管动机好坏，你会发现自己不断重复相同的模式，却期待结果有所不同。这些年来，与我共事的大部分人都告诉我，他们总是期盼着一个星期赶快过去，好享受轻松的周末时光。但是当周末结束，回到办公室时，又开始寄望一星期赶快过去，梦想着下个周末的到来。也有人告诉我，他们费尽时间、精力完成一项工作，却从来没有停下来享受过任何成就感，因为紧接着又得开始着手进行工作单上的下一项任务了。甚至连休假的时候，心里都还想着上星期、上个月，甚至是去年发生的事。心中不断上演着这些往事，不断想着当初如果这样做或那样做的话，结果是否会更圆满。

庆幸的是，**我们愈熟悉如何检验自心，就愈了解如何解决自己的问题，也愈容易认出所经历的一切，无论是贪着、嗔恨、压力、焦虑、恐惧或渴望，都只是自心的造作罢了。**

对那些投入大量心力踏实地探索自心宝藏的人而言，无论外在环境如何变化，他们自然而然就会发展出某种名望，赢得他人的尊敬和信任；他们随时随地的行为都会激起旁人的敬重、钦佩和信赖；他们在这世间的成就，无关乎个人野心或企图赢得他人的关注，也非来自拥有名车、豪宅或响亮的头衔，而是来自一种宽广、放松的安适。这也使得他们能够超越当时的个人状态，更深入地看清人间百态，同时维持着一种基本的喜乐。

事实上，我们时常听到某些豪门巨富、达官显贵或具有影响力的人坦承，世俗成就并没有带给他们预期的快乐。虽然手中握有财富或权力，但是他们却在痛苦的大海中泅泳浮沉，有时候甚至痛苦到以为自杀是唯一的出路。这么强烈的痛苦就是源于相信外在的条件能够带来永恒的快乐。

如果你真的想要找到恒常的平静与满足，那么你就得学会安住自心，唯有安住自心才能让内在的本质显露而出。想要让充满泥巴和杂质的水变清澈，最简单的办法就是让水中的泥巴和杂质沉淀下来。同样的道理，假如能够安住自心，那么愚痴、贪着、嗔念等烦恼就会逐渐平息下来。这时，自心的真正本质——慈悲、清明、无边际的开阔境界——就会展现出来。

第二部　安住自心的方法

驯服之心喜乐迎。

受过训练的心能够生起真正的喜乐。

——《法句经》——

| 第九章 |

找到平衡点

无攀执地安住。

——葛桑巴大师（Gotsangpa），《光明宝灯》

现在，让我们暂时把科学和理论放在一边，开始来讨论实修方法，也就是佛教术语所说的“道”。而在讨论实际修持之前，我想先说一个很久以前听到的故事。

有一个从小就是浪里白条的游泳健将，年届古稀之际，又开始寻找新的挑战，就像他年轻时挑战游泳技术一样。他决定要出家，他想，就像以前能够掌握大海的浪涛一样，他应该也能够掌握自己内心的波涛。

他找到了一个他很敬重的老师，受了戒，开始修持老师传授的法门。但跟大多数人一样，禅修对他而言也并不容易，因此他去请教老师。

老师请他坐下来禅修，好观察他的修持方式。一会儿之后，老师发现他用力过度了，因此告诉他要放松。但他发现，连这样简单的指示他都难以领会。当他试图放松的时候，心就随处游荡，身体也因此而松垮倾斜。然而当他试着集中注意力时，心和身体又太过紧绷。最后老师问他：“你很会游泳，是吗？”

“当然了，”他答道，“还没谁游得过我呢！”

“游泳时你会把肌肉完全紧绷？”他的老师问道，“还是完全放松？”

“都不是，”老游泳健将答道，“游泳时必须在紧绷和放松之间找出平衡点。”

“很好！”老师继续说道，“那现在我问你，当你游泳时，如果肌肉太过紧绷，是你自己造成了四肢紧绷，还是别人逼迫你的？”

他想了好一会儿才回答：“是我自己把肌肉紧绷起来的。”

老师等了一会儿，好让他有时间想一想自己的答案，然后再解释道：“禅修时，如果发现自己的心变得太过紧绷，其实是你自己制造了这个紧张感。但如果释放了所有的压力，你的心又会变得太过松散而导致昏沉。

“禅修的时候，你也要像这样找出内心的平衡点，如果没有找到那个平衡点，那么你就永远不可能了悟自性的圆满平衡。一旦找出之后，你就能够自在悠游于生命的每一个面向，如同你以前自在悠游于水中一般。”

简单地说，最有效的禅修方法就是尽最大的努力，但不要过于期待结果。

智慧与方便

心不动时自清明，水不动时自澄澈。

——第九世嘉华噶玛巴，《大手印了义海》

前述那位老师对游泳健将的教导，其实是在智慧与方便间寻求平衡的广大法教的一部分。智慧指的是对理论的了解，方便则是理论的实际运用。智慧若无法实际运用，便毫无意义可言，而这时，方便道就派上用场了：以自心认出自心——这其实是禅修的极佳定义。

禅修并不是“乐晕了”或“一片空白”，也不是为了让心更为“清晰”——这些都是我在全球讲学时从人们口中听到的字眼。**禅修其实是练习安住于心当下的自然状态之中，并单纯清楚地感受当下现起的一切念头、感官知觉或情绪。**许多人抗拒禅修，因为一想到禅修，脑海中浮现的第一个画面，就是要挺直腰杆、盘起双腿，让心完全空白地坐在那儿好几个小时，这些都不是必要的。

第一，双腿盘坐并挺直脊椎，这的确需要花点时间去适应，尤其是在西方，大家都很习惯弯腰驼背地窝在电脑或电视前。第二，要让你的心不要生起念头、情绪和感官知觉等，根本是不可能的事。思考是心的自然功能，就像太阳发出光芒与热量，暴风雨中产生闪电和雨水一样自然。

刚开始学习禅修的时候，老师曾对我说过，压抑心的自然功能至多也只能暂时解决问题。更糟糕的是，如果你刻意去改变自己的心，你只会强化将念头和情绪执以为实的习性罢了。

心一直都在活动，犹如海洋不断涌起的浪涛，不停地生起种种念头。我们无法制止念头的生起，就如同无法制止海洋的波涛一样。把心安住在它的自然状态中，跟完全停止所有的念头是截然不同的两回事。佛教的禅修并非把心搞成一片空白，所谓的“无念禅修”是根本不可能达到的事。即使你真的可以停止所有的念头，那么你也不是在禅修，而是在一种行尸走肉般的状态中游荡罢了。

另一方面，你可能也会发现，一旦看着念头、情绪或感官知觉时，它就如同鱼儿突然游入深水中，瞬间就消失不见了。这也没关系，事实上这样非常好。只要你继续保持纯然的专注或觉知，即使念头、感受等不见了，你也是在体验自心本性的明性和空性。

禅修的真正重点是，无论“有”或“没有”生起任何状态，都要安住在纯然的觉性中；不论心头现起什么，只要保持开放与了知，然后放下。倘若没有任何念头生起，或者念头在你察觉之前就消失，那么就安住在自然的明性中即可。

还有比这样禅修更简单的吗？

另外要注意的一点就是，虽然我们会认定某些经验比较好、比较适宜，或者比较有建设性，但事实上并没有所谓的“好”念头或“坏”念头，就是“念头”罢了。只要某一堆爱说话的神经元开始制造我们解译为念头或感受的信号，另一堆神经元就开始喋喋不休地评头论足：“哦，那是个充满仇恨的念头，你真是个坏蛋啊！”或者：“你怕死了，真是个懦夫！”

禅修其实是一种不带评论的觉知过程。禅修的时候，我们用科学家客观的角度来观察自己的主观经验。这个过程一开始可能有点难，因为大部分人都被训练成只要我们认定它是好的，它就是“好的”；认定它是坏的，它就是“坏的”。但是，当我们开始练习单纯地看着自己的念头来来去去，那么，这类顽强僵化的区别就会开始瓦解。用常识就知道，刹那生起又消失的种种心理状态不可能都是真实的。

假如我们能够持续不断地觉察自心的种种活动，那么那些曾经被我们认为真实存在的念头、情绪、感官知觉，以及所接收的对境等经验的澄澈本质，就会慢慢地被我们认出来。犹如堆积在镜子上的层层灰尘污垢慢慢被擦干净一样，当我们逐渐习惯观看自心的清晰面之后，就可以看穿那些“我是谁”或“我是什么”的杂音，并认出自心的光明本质。

身体的姿势

大智慧就驻于身体之中。

——《喜金刚密续》

佛陀曾教导我们，身体是心的生理基础，而这两者的关系就像杯子和杯中的水一样。倘若你把杯子放在桌子边缘或不平的表面上，水就会晃动或洒出来。但是如果把杯子放在平坦稳固的地方，水就会保持完全静止的状态。

同理，**让心安住的最佳方法，就是让身体保持稳定的姿势**。佛陀以他的智慧教导我们，保持身体的平衡、安定，能让我们的心既放松又警觉。而经过长久的岁月，这个身体平衡法的教导，即成为众所周知的“毗卢遮那七支坐法”，而这也是代表佛陀“证悟”的一个法相。

七支坐法的第一点，先建立身体的稳定基础，也就是说，如果可以的话，双腿交叉盘坐，两只脚板分别放在另一边大腿上。如果你无法这样坐，只放一只脚板在另一边大腿上，而另一只脚板就放在另一边大腿下面，单盘坐着也可以。如果这两种坐法都不舒服，单单双腿交叉坐着也可以，你甚至可以舒服地坐在椅子上，双脚则平放在地板上。重点是保持舒适和稳定，假如你的坐姿让腿感到疼痛，你就会因为太关注于腿上的疼痛而无法让心安住。这就是七支坐法的第一点有这么多选择的原因。

第二点，把双手放在肚脐下方、大腿上方，一只手的手背放在另一只手的手掌上，哪只手放在上面都没有关系。禅修期间你也可以适宜地调整两手的位置，比如说，打坐很久之后，下方的手掌太热了，就可以调换一下位置。你也可以把双手掌心朝下地搁在两边膝盖上。

第三点，在上臂跟身体之间留一些空间。传统佛经将第三支坐法称为“持臂如鹫鹰”，不过这很容易被误解成把肩胛骨伸展开来，变得像只食肉禽鸟一样。

事实上，我在巴黎讲学的时候，有一天经过一个公园，恰好看到一个人盘坐在地上，双肩不断地来回鼓动。我经过他身边时，他认出我是个僧人（穿着红袍子实在很容易泄漏身份），于是便问我：“你打坐吗？”

“是的。”我答道。

“你打坐时有遇到任何难题吗？”

“没有啊！”我告诉他。

我们就这样对彼此微笑了一会儿，毕竟，那是巴黎晴朗美好的一天。然后，他又问我：“我很喜欢打坐，但有一个打坐的步骤搞得我实在快疯了。”

我自然就问他到底是什么问题。

“是关于双臂的姿势。”他答道，脸上有点难为情。

“真的？”我回答，“你在哪里学的打坐？”

“看书学的。”他说。

我问他书里面怎么解释手臂的姿势。

“书里面说，双臂应该要像鹫鹰的翅膀一样。”他回答。于是就像我刚刚看到的一样，他又开始来回鼓动双肩。我看着他这样做了一两秒钟之后，就请他停下来。

“让我来告诉你吧，”我说，“这个步骤的真正重点是在双臂和躯干之间留点空隙，足以让你的胸膛挺开放松就可以，这样你的呼吸才会自然顺畅。鹫鹰休息时，双翼和躯干之间总是留有一点空隙，这才是这个步骤的真正用意。你并不需要鼓动双臂，毕竟我们是在学习打坐，而不是要试图飞起来。”

这个姿势的重点在于找到双肩的平衡点，肩膀才不会一边高一边低，而挺胸也会让你有“呼吸的空间”。不过有些人具有很粗大的手臂和躯干，尤其是爱到健身房运动的人。如果你刚好是这种类型的人，那么别勉强自己一定要在手臂和胸膛之间留什么空隙。手臂只要自然地放下，不要压迫到胸膛即可。

第四点是，尽量挺直脊椎，就像典籍中所说，“如箭一般”。不过，我要再次强调，重点是找到平衡点。如果你勉强自己坐得太直，到最后身体就会往后倾，全身也会因为太紧张而颤抖。我看过很多学生因为太在乎一定要挺直脊椎而导致这种结果。从另一方面来说，如果你弯腰驼背，那么几乎不可避免地就会压迫到你的肺，这样呼吸会变得很困难，同时也会压迫到其他器官而造成身体不适。

第五点，让头的重量均衡地落在脖子上，这样气管才不会被压迫到，或者因为太后仰而挤压到脊椎顶的七块小骨，这是神经元信号从下半身传送到大脑很重要的一个部位。当你找到自己的正确姿势时，你应该会发现自己的下巴比平常稍微内缩一点，较靠近喉咙。假如你曾经连续好几个小时把头稍往后仰地坐在电脑前，只要稍微调整一下头的姿势，你马上就会觉得好多了。

第六点是在嘴部，让牙齿和嘴唇稍稍有点自然地分开。可以的话，就把舌头轻轻地抵在上颚牙齿后方，但不必勉强自己一定要这样做，舌头只要自然地放着就好了。如果你的舌头太短，非得花点力气才抵得到上颚的话，别担心，重点是让舌头自然放着就可以了。

七支坐法的最后重点是眼睛。初学者大多都觉得闭上眼睛比较舒适，也比较容易让心安住，也比较容易体验到平和与宁静。初学时可以这样做，但是，我早期所学到的一点是，闭上双眼会让你执着于一种造作出来的平静。因此，闭着眼睛禅修几天之后，最好还是睁开双眼，这样你才会保持警觉、清明与专注。不过，也不是要你眼睛眨也不眨地死盯着前方看，而是让双眼像平常一样自然地张开就好了。

“毗卢遮那七支坐法”其实只是一套导引。因为禅修是一种个人修持，每个人的情况都不尽相同，重点是自己要在紧绷与放松之间找出适当的平衡点。

此外，还有一种精简的二支坐法。当我们不方便或无法用正式的七支坐法来禅修时，就可以利用这个方法。方法非常简单：只要挺直脊椎，让身体尽可能保持舒坦放松即可。这个禅修法在日常生活中非常好用，当你开车、走路、购物或做饭时，都派得上用场。

二支坐法本身几乎就会自动制造出一种放松的觉知，最棒的是，当你这样做的时候，根本没有人会注意到你正在禅修呢！

心的体态

当扭曲成结的心松绑时，它就无疑地解脱了。

——萨惹哈（Saraha），《道歌集》

让身体姿势放松又警觉的原则，同样适用在寻找心的平衡点上。当你的心能在放松与警觉之间找到自在的平衡时，其本有的特质就会自然显现出来。这是我那三天独自待在闭关房中决心彻底观照自心的收获之一。

我坐在那儿，一直回想着老师们告诉我的，当水开始沉淀下来时，泥沙、污垢和其他淤积物就会逐渐跟水分离，慢慢地沉入底部，这让你有机会把“水”和“经过水中的一切”都看得清清楚楚。

同样的道理，假如你能够保持心的放松状态，那么所有的念头、情绪、感官知觉和所接收的对境等“心的淤积物”就会自然地平息，然后，内心本然的清明就会显露而出。

就像身体姿势的道理一样，“心的体态”的重点也是找到一个平衡点。假如你的心过于紧绷或专注，你就会过度在意自己是否是个“好禅修者”。如果你的心过于松散，那么，你不是分心散乱，就是陷入昏沉。我们要在求好心切的紧绷，与“唉，糟糕！我得来禅修”的懊恼之间找出中道。最理想的方式就是给自己一点空间，记住，你的修持无论是好、是坏都无关紧要，重点是你有禅修的意愿，这就足够了。

| 第十章 |

单纯地安住

无论发生了什么，都自然地看着它的本质。

——噶玛·恰美仁波切，《大手印与大圆满双运》

佛陀了解这个世界上没有任何两个人是一模一样的，每一个人与生俱来的能力、特质和性格都不尽相同。佛陀拥有伟大的洞察力与慈悲，于是发展出无数方便法门，让所有众生透过这种种方便法门而有机会直接体悟自身的真实本性，进而完全远离痛苦。

佛陀大部分的法教都是因应当时周围信众的需要而随机教导的。这种能够在当下精确回应众生需求的能力，其实就是证悟大师的特点之一。只要证悟大师还在世，授业解惑就不会有任何问题。然而，佛陀圆寂之后，他的资深弟子为了让佛陀的法教能继续利益后人，因此必须想出一套方法，有系统地整理这些随机教化的教导。幸运的是，佛陀的资深弟子们极为擅长分门别类，他们将佛陀教导的各种禅修法门分为两大类：分析式禅修法与非分析式禅修法。

在禅修的学习过程中，通常都先教导非分析式禅修法，因为这种修持提供了安定自心的方法。心安定之后，就比较容易察觉种种念头、情绪和感官知觉，而不会陷入其中。分析式禅修法则是在各种经验之中直接观看自心，通常是在弟子已学过如实安住自心之后才传授。另外，由于练习观看自心很容易引发许多疑问，因此，分析式禅修法最好是在具有洞察力和实际经验的老师指导下进行，因为他们能深入了解学生的问题，也能提供为学生量身订做的答案。因此，在这里我想讨论的重点，是关于安住并平息自心的法门，也就是非分析式禅修法。

梵文中，非分析式禅修法被称为“奢摩他”（shamata），即“止”或“止的禅修”，藏文则是“息内”（shinay）。这个字有两个音：“息”指的是平和或宁静，而“内”则是驻留或停留，因此，这个法门的完整翻译是“平静地安住”，也就是让心如实平静地安住。这是一种基本的修持，透过这个修持，我们自然地将心安住在放松的觉性中，如此，心的本性就会自然显露。

无所缘的禅修

直入自心的根源：安住在赤裸的觉性中。

——帝洛巴，《恒河大手印》

父亲一开始教我将心自然地“安住在赤裸的觉性中”时，我根本不知道他在说什么。明明没有安住之地，叫我怎么把心“安住”在上面呢？

幸运的是，我父亲那时已经去过许多国家，遇到了不少人，也跟他们聊过他们的生活、难题或成就等。这的确是身着僧袍的好处之一，因为人们通常会觉得你很有智慧或是个重要人物，因而愿意敞开心胸跟你倾诉他们生命中的点点滴滴。

父亲举了一个饭店职员的故事来说明如何安住自心。这个职员每天都要站在柜台后面 8 个小时，帮客人办理住房、退房登记，听客人对房间不满的抱怨，还要时常跟客人争论账单的事。因此，每当快要下班的时候，他总是感到非常高兴。因为工作了一整天，他已筋疲力尽，满心期待回家之后泡个舒服的热水澡，再躺在床上深深吐一口气，让自己完全放松。接下来的这几个小时只属于他自己，他不需要穿着制服站在那儿，不需要听别人抱怨，也不需要盯着电脑屏幕确认客人的订房，以及查询是否还有空房。

这就是无所缘的止禅修所说的安住自心的方法，就好像刚结束了一整天辛劳的工作一样，这时只要放下、放松就好。**你不需要阻止任何念头、情绪或感官知觉的生起，也不需要跟随它们，就这样安住在开阔的当下，任由它们的发生。**如果念头或情绪生起，就让自己清楚地察觉它们的存在。无所缘的止禅修并不是让你的心漫无目的地游荡于幻想、记忆或白日梦中。禅修时，你可能没有特别执着在什么对境，但是你还是有觉知，还是清楚当下发生的一切。这就是自心某种程度的呈现，可以概括地说是一个觉性的中心。

当我们在无所缘的境界中禅修时，我们实际上是将心安住于它本来的明性中，对任何念头和情绪的来去完全没有执着。这个超越自他的本然明性始终与我们同在，就像虚空永远在当前呈现一样。我们可以说，无所缘禅修就像接受天空时而飘过的云雾，同时却又清楚知道，天空即使是在被遮障的状态下，本身仍旧是不变的。如果你曾经搭过飞机，那么你应该看过，在云霭、薄雾或雨滴的上方，天空总是那么开阔又清朗，看起来是如此平常。同样地，即使在念头和情绪遮障之时，佛性也一直都是开阔清朗的。或许它看起来很平常，然而明性、空性和慈悲等所有特质，却都蕴含在其中。

无所缘的止禅修是安住自心的最基本法门，你不需要看着念头或情绪（这个观修法我之后会再说明），也不需要试图去阻止它们。只要用孩童般的天真安住于觉性中，看自心进行它的活动，像孩子般数着："哇！多少念头、感官知觉和情绪啊！它们正在我的觉性中来来去去呢！"

就某方面来说，无所缘的止禅修法有点像是看着开阔的虚空，而不是专注观察虚空中移动的银河系、天体和星球。觉性中念头、情绪和感官知觉的来去，就好比在虚空中银河系和星辰等的移动。就如同我们不会以虚空中移动的物体来定义虚空一般，觉性所觉察的念头、情绪和所接收的对境，也无法定义或限制觉性本身。觉性就是"如是"，而无所缘的止禅修法所说的，即是安住在觉性的"如是"中。有些人觉得这个练习很简单，有些人却觉得很困难，这跟个人性格有关，而非能力或技巧的问题。

这个教法很简单。如果是正式禅修，最好是力所能及地用七支坐法。无法运用七支坐法时——比如开车或走路等——就挺直脊椎、全身放松、保持平衡，然后让自心在当下纯然的觉性中放松。

无可避免地，我们心中一定会有各种念头、感官知觉和感受生起，这是必然的，因为你尚未学会安住自心。这就像到健身房练习举重一样，一开始才举了少少的几磅几下，肌肉就累了。但是如果持续练习下去，渐渐地，你就会发现，自己竟然可以举得更重，而且次数也增多了。

同样地，学习禅修也是个渐进的过程。一开始，你也许只能静下来几秒钟，没过多久，各种念头、情绪和感官知觉就汹涌而来。基本的教法就是不要跟随这些念头和情绪，只要如实地觉察在觉性中来来去去的一切即可。无论心中有什么念头起落，别太在意它，也不要试图压抑它，只要看着它来来去去就好了。

一旦开始追逐某个念头，你就无法认清当下发生的一切，接着就会开始想象出各种幻相、评论、记忆，以及跟当下实相风马牛不相及的情节。你愈是让自己的心跟随着这些念头四处游荡，就愈容易远离当下的开阔广大。

止禅修的目的，就是要慢慢地、逐渐地打破这种习性，并保持当下的觉知，以开放的心接受当下所有的可能性。发现自己追逐念头时，也不要苛求或责备自己。因为，你其实已经觉察到自己正流连在过去或想着未来，这个察觉的心就足以把你带回当下，并且强化你想要禅修的本意。在止的禅修中，你想要禅修的动机才是最关键的决定性因素。

开始禅修时要慢慢来。我父亲曾经很谨慎地告诉包括我在内的所有新学生，初学禅修时最有效的方法，就是一天当中让心安住的次数要多，但每次安住的时间要短。他说，不然你可能会觉得禅修愈来愈无聊，或对自己的进展感到很失望，到最后干脆就放弃了。这种短时间、多次的方法，就像古书中所说的“涓滴挹注，终能满怀”。

因此，刚开始禅修时千万不要好高骛远，非要禅修个 20 分钟不可，不如把目标定在一分钟，甚或半分钟的长度。运用你愿意或渴望在忙碌的生活中暂停片刻的时间，与其任由自己做白日梦，不如利用这几秒钟来观察自心。像这样“一点一滴”地修持，你会发现自己逐渐挣脱了心理与情绪的枷锁——这些枷锁正是疲累、失望、嗔恨和绝望的来源。然后，你便会发现原本就存在内心的清明、智慧、精进、寂静和慈悲的无限泉源。

| 第十一章 |

安住在对境上

一心专注某个特定对境，以此安住自心。

——第九世嘉华噶玛巴，《了义海大手印》

当我刚开始正式禅修时，我发现，无所缘禅修之所以困难，就是因为它太简单了。由于心的本质——觉性——太近了，以至于很难辨认。我们从早上醒来，一直到夜里准备上床睡觉，觉性一直都在那里。它就是本具的觉知，但由于它时时刻刻都跟我们形影不离，所以我们根本认不出它有多么珍贵，更别提我们是多么容易陷入念头、感受和感官知觉等这些心自然产生的“副产品”之中。

如果你发现自己正面临这样的问题，其实你并不是唯一这样的人。

幸运的是，我父亲和其他老师对于直接安住自心所会面临的问题都很熟悉，并能够教导他人更多次第的技巧。其中最简单的方法，就是直接利用我们的感官来安定并放松自心。

感知对境之门

整个世界都是心的世界、心的杰作。

——邱阳·创巴仁波切，《佛心》

就像科学家一样，佛教徒对于视觉、听觉、嗅觉、味觉和触觉等五种感官知觉也有所认识。在佛教名相中，它们被称为“感知对境之门”，就像房子的门窗一样。我们大部分的感受部分和所感知的对境都是透过其中一个或多个感官的作用，因而形成了我们的经验。然而，由于这五种感官知觉，或佛教典籍所说的“五根识”，其实只能进入感官所感知的境相。于是，佛教科学又说到了第六识，也就是“意识（mental consciousness）”①。第六识并不神秘，跟超能力或通灵毫不相干。“意识”只是心的一种能力，让我们得以认出

① 一般用语通称的“意识”，指的是能辨认、思维的心智能力。例如：我们会称一个昏迷不醒的人，失去了“意识”。但在佛教术语中，“意识”有其特殊的意思，指的是心认识对境的六种能力中的一种。心的这六种能力称为“六识”：眼识、耳识、鼻识、舌识、身识、意识，而“六识”所能辨识的对象分别为：色相、声音、气味、味道、触感、念想。一般情况下，每一识只能辨识各自的对境，“意识”则依据其他五识的对境，只能辨识念头、想法，而不能直接辨识色相、声音、气味。例如眼睛看到一个瓶子的过程：先是眼识透过眼睛辨识出某个物体的形状和颜色，然后经由“意识”，才去辨识出了“这是一个瓶子”的念头。

并辨别所看到、闻到、听到、尝到或触摸到的事物。

佛教传统上将这六识比喻为有五个门的房子，四面各有一个，还有一个是在屋顶上。这五个门代表五种感官之识。现在，假设有人将一只猴子放到这栋房子里，猴子在此所代表的就是意识。猴子突然被放到一个大房子里，自然兴奋疯狂地到处乱窜乱跳，会跑到每个门口去瞧瞧，看看有没有什么新奇、特殊或有趣的东西。这只疯猴子不管找到什么，马上就以自己的经验判断这东西是令人快乐的或痛苦的、好的或坏的，还是无聊的。经过这栋房子的人，在每个门口都看到一只猴子，便以为房子里有五只猴了，但实际上只有一只，也就是那个静不下来且未受训练的“意识”。不过，就如同其他有情众生一样，这只疯猴子其实也只是想要快乐、想要摆脱痛苦而已。因此，我们可以教导自己心中的那只疯猴子，通过刻意专注在不同感官上而平静下来。

有所缘的禅修

为了平息我们不断造作的习性，诸佛教导我们依止一个所缘境。一旦习惯这个所缘境后，我们的专注力就会稳定下来。

——祖古·乌金仁波切，《如实》

在日常经验中，透过我们感官所接收的信息几乎都成为散乱的根源，因为我们的心习惯于专注在感官知觉的信息上。同时，因为我们是具有形体的生物，如果我们试图完全摆脱感官或阻断由感官所接收的信息，就必然会体验到一种无力感。

比较实际的方法是，跟我们的感官交朋友，并利用感官所接收到的信息作为安住自心的方法。佛经将这样的过程称为“自我对治”，也就是以散乱的根源本身作为远离散乱的对治法。这个比喻起源于古代常见的一种方法，也就是利用相同的材料来处理相同材质的东西。比如说，假使你想割玻璃，就要用玻璃材质做成的器具来做切割；假使你想切割铁块，那就得用铁器。同样的道理，你也可以运用自己的感官来对治感官的散乱。

在“有所缘的禅修”中，我们利用自己的感官作为安住自心的方法。我们可以利用眼根来禅修形状和颜色，以耳根来禅修声音，以鼻根来禅修气味，以舌根来禅修味道，以身根来禅修身体的知觉。如此，透过感官接收到的各种信息就会成为我们修持的珍贵资源。

当我学会如何以平静沉思的方式观察自己所感知的对境后，修持就变得容易多了。我发现自己对所感知的一切愈来愈不情绪化，先前的想法被取代，由“哦，那个家伙正在对我大吼大叫！”转变为：“嗯，这个人的声音还蛮大的，语调有点尖锐，他发出来的声音应该是想要侮辱或伤害别人。”

换句话说，只是透过学习如何将我的注意力轻松地安住在感官所接收的信息上，摆脱伴随着对方声音而来的情绪和语意影响，他就无法伤害到我。而且，由于能够毫无防备心地倾听对方说话，我发现自己能够以更开阔的胸襟来回应对方，不但消除了他的怒火，也完全无损自己的尊严。

以身体知觉为助缘的禅修

开始进行“有所缘的止禅修”时，最容易的方式之一就是把注意力温和地安住在单纯的身体知觉上。只是将注意力集中在某个特定区域，比如说额头。

一开始，先挺直脊椎，并放松身体。正式禅修时，你可以采用前面提到的七支坐法。如果你所在之处不方便进行七支坐法，那么，只要挺直脊椎并全身舒适地放松即可。禅修时，双眼睁开或闭上都没有关系，不过，有些人觉得闭上眼睛对他们来说比较有帮助。（当然，如果你正在开车或走在街上，那么，我强烈建议你还是睁开双眼比较好！）

让你的心如实地安住几秒钟……

现在，慢慢把觉知移到额头上……

你可能会有某种刺麻感或温热感，甚至可能会感到有点痒或某种压力。不论你感受到什么，就让自己觉察它一两分钟……

注意着它……

只是松缓地把注意力安住在知觉上……

然后，放下你的注意力，并让你的心如实地安住。如果你闭着眼睛，现在可以睁开了。

感觉如何？

在你花了一点时间，将觉知安住在身体某个部位之后，你可以延伸这个技巧，把注意力慢慢地转移、带到全身。有时我把这个全身知觉的练习，称为“扫描练习”，因为这让我想起了躺在机器里做全身扫描的情景。同样地，如果是正式禅修，就采用前面提到的七支坐法，但如果是平时非正式的禅修，那么只要挺直脊椎，让全身自然且舒适地放松即可。无论哪一种方式，你都可以闭上或睁开双眼，只要你觉得舒服就好了。

一开始，先以无所缘的“止”禅修安住一会儿，再慢慢地将觉知移到额头的任何感觉上。让你的心单纯地观照这些知觉，只是单纯地觉知，再没有其他。然后逐渐把你的焦点往下移，继续观察脸部、脖子、肩膀、手臂等的各种知觉，只要观照着即可，不需要阻止心中所生起的任何状态，或改变你所观察的对象。就这样保持身心放松、平静，当各种知觉生起时，只要认出它们就可以了。这样观照几分钟之后，让你的心单纯地安住，然后再回头观察你的知觉。就这样持续交替“观察”（有所缘）和“安住自心”（无所缘）的修持。

我们大部分的知觉多少都跟身体有关，日常生活中，我们的身体跟外界总是有所接触，比如说，我们坐的椅子、地板、笔、衣服、一只动物或一个人，不同的接触则产生不同的身体知觉。在佛法名相中，这种源自直接身体接触的知觉，即称为“粗受”（粗略的身体知觉）。但愈深入注意自己感觉到的是什么，就会开始认出和触觉不一定有关的感受，这种感受则称为“细受”（细微的身体知觉）。

刚开始练习这种止禅修的技巧时，我发现，每当我试图逃避某个知觉，这个知觉就会增强。但如果我只是看着它，那么，无论是多么不舒服的知觉，都会比较容易忍受。

身为一个好奇的孩子，我当然一定得知道这个转化为什么会发生。只要看着这个过程一会儿，我就明白了：当我让自己纯然地观照某个知觉时，我全心投入当下所发生的一切情境之中，这让我看到自己的心有一部分在抗拒痛苦的感觉，另一部分则在催促自己要客观地看着它。看着同时间发生的两种矛盾、冲突时，我可以看到自己的心在处理“逃避”与“接受”的中间过程。结果，觉察心的活动竟然变得比“逃避”或“接受”还要有趣得多。看着自心在运作真是棒极了！我想，这就是我所能给予“明性”最实际的定义了：明性就是能够观照自心同时在多种层面上运作的一种能力。

以痛觉为助缘的禅修

冷、热、饥饿、饱胀、沉重、头晕、头痛、牙痛、鼻塞、喉咙痛、膝盖痛或后背痛等知觉，虽然不都是愉悦的，但我们的觉性就是这么直接地感受到了。由于痛苦和不舒服的感觉是如此直接，因此，它们其实是对禅修很有效的对境。

大部分人视痛苦为身体安乐的一大威胁。就一方面而言，当我们对这个威胁感到忧虑或被困扰时，痛苦几乎总是不断增强；另一方面而言，如果我们把痛苦或不适感视为禅修的对境，只透过单纯地看着心处理各种问题，就能够运用这些知觉来增强心的清明。

举例来说，我在正式禅修，或只是坐在车里或飞机上，感到腿或背有点痛时，我会直接看着心对疼痛的体验，来替代伸懒腰、起身或动来动去，毕竟这只是意识在认识与辨认感受罢了。

当我把注意力引到那感受痛苦的心，而不是专注在某个痛点时，痛苦的根源虽然不一定会消失，但是，却让我积极参与了当下正在发生的体验，而不是企图去逃避它。同样的道理也适用于愉悦的感觉。我不企图去延续这些感觉，而是只单纯地观察着这些愉快体验的显现。事实上，早年所受的训练让我了解到，如何利用感官知觉作为检验并领会自心无限潜能的工具，而不是反过来被感官知觉所利用，强化了被身体钳制的一种局限感。

当然，如果你感到身体有严重的不适或疼痛，那就应该去看医生，因为这些症状可能是严重疾病的征兆。不过，我听说，当医生排除了重大疾病的可能性之后，他们之前所感到的疼痛竟然减轻了。看来，对疼痛的恐惧似乎加重了疼痛感，也加深了疼痛的真实感，这可能是从视丘传送到大脑杏仁核与大脑其他部位的一种自我加强的红色警告。不过，假如医生真的诊断出重大疾病，那么，你一定要按照医生的嘱咐进行治疗。虽然禅修可以帮助你面对重大疾病所带来的痛苦和不舒服，但是，却无法取代医学治疗。

服用医生的处方药或药房的成药后，你也许还是会感到有些疼痛，这时，就可以试着运用这些生理疼痛作为禅修的助缘。如果你的疼痛来自重大疾病，那么，在以疼痛为禅修的助缘时，要避免对修持的结果有所期待。**假如你潜藏的动机是为了去除疼痛，那么你其实就更强化了畏惧疼痛的神经元模式。**削弱这种神经元模式最好的方法，就是努力客观地观察这些疼痛，对于结果则顺其自然。

真正让我对这个教法印象深刻的事件，是父亲在德国接受的一个小手术。手术前，麻醉师应该要先对患处注射麻醉药，但麻醉师因为事务繁忙，竟然完全忘了。因此，当医生划下第一刀时，才注意到患处的肌肉开始痉挛，倘若那个部位已经上好麻醉药的话，肯定不会发生这种事情。医生对麻醉师的失职勃然大怒，但父亲却请他息事宁人，因为父亲根本没有感受到任何疼痛。父亲对医生解释道，这个极敏感部位被切开的感受，反而提供了一个让他的觉性提升到高度清明平和的机会。

简而言之，透过修持，我父亲已发展出一种神经元连接网，自然而然地就会把对疼痛的体验，提升为“心对疼痛感的客观性观察”。虽然医生还是坚持要在患处上麻醉药后才继续手术，不过，由于我父亲的劝解，医生才没有对负责麻醉的那位女士提出指控。隔天，麻醉师来到父亲床边，微笑着感谢父亲替她挡掉麻烦，然后从背后拿出满满一大袋零食，父亲觉得还蛮好吃的。

这个观察身体知觉的练习，无论是“粗受”或“细受”，都相当简单。你可以在正式禅修时练习，或一天当中的任何时间，无论是在开会、聚会，或其他必要活动的空隙之间，只要逮到几秒钟，你都可以做这样的修持。事实上，我个人觉得这个修持在日常生活中特别有用，因为这能立即产生一种轻松和开放的感受。还有一些人告诉我，他们认为这个修持对工作非常有帮助，尤其必须长时间坐着听取冗长报告之时。

以色相为助缘的禅修

以视觉为助缘来安住自心的禅修方式，被称为“色相禅修法”。但是别让这个专有名相吓着你了，色相禅修法其实非常简单。事实上，我们每天都不自觉地在做这个练习，比如，盯着电脑屏幕或交通标志看的时候。如果我们将这不自觉的过程提升为主动的觉知，刻意将注意力放在一个特定的对境上，那么我们的心就会变得非常平和、非常开阔且放松。

我是以毫不费力就可以看得到的小物体为对象开始练习，比如地板上的一片颜色、一盏烛火、一张照片，甚至是上课时坐在我前面的人的后脑勺。你也可以利用具有精神意义的物品，这通常称为

“净相”。如果你是佛教徒，就可以用佛像或法照；如果你是基督徒，就可以专注在十字架或圣者的肖像上；如果你信仰其他宗教，那么你可以自行选择对你有特殊意义的物品来做练习。当你对这个修持愈加熟练之后，甚至可以专注在心中的色相上，也就是脑海中忆起的对境。

无论你选择何种对境，你可能会注意到这个对境具有两种特征：形状和颜色。你可以二选一，决定要专注在哪一项；无论是白色、黑色、粉红色，或者圆的、方的、多角的物品，什么都可以。**重点是把注意力安住在颜色或形状上，将意识投注到稍微能辨识出对境的程度就可以了，**就是这么简单。当你把注意力放在这个对境上时，你就是觉知的。

你并不需要把这个对境的每个细节都看得一清二楚，那样做的话，只会让你紧绷起来，但这个修持的重点却是要轻松地安住。要让注意力的焦点宽松一点，只要足够维持对所视物件的本然觉知即可。切勿试图制造什么结果，也不要强迫自己的心放松，只要简单想着：“好吧！该发生的，就让它发生吧！这是禅修，这就是我正在做的事。”其他什么都不要想。

当然，也有一种可能是，你睁大眼睛看着这个物品，却完全视而不见。你的心可能完全被远方的声音所吸引，因此有几秒钟，甚至几分钟时间，你根本就没有看到这个东西。我实在很讨厌自己的心如此漂游不定！不过，父亲也说过，心念漂游不定的状态其实是完全自然的。当你察觉到自己的心已从专注的对境上移开时，只要把注意力再拉回对境上就可以了。所以呢，我鼓励你现在就练习看看。

选一个你感觉最舒服的姿势，让你的心安住在轻松舒坦的状态一会儿。然后选择某一个你所看的物体，将眼光安住在这个对境上，注意它的形状或颜色。你不需要目不转睛地盯着它，需要眨眼就眨眼。事实上，如果都不眨眼的话，眼睛可能会变得又干又涩。注视这个物体一会儿之后，让你的心再次单纯地放松，然后再将注意力放回对境上几分钟，然后再一次让心放松。

每当我运用可视物作为禅修的助缘时，我就会想起 14 世纪伟大的佛学家及禅修大师龙钦巴（Longchenpa）尊者所说的话。他在一本著作中指出，交替练习有所缘禅修和无所缘禅修是极有益处的。他解释道，当你把心安住在某个对境时，你是将之视为与自己不同或有所区别的东西。但是，当你放下对境，只是安住自心于赤裸的觉性时，这种分别就消融了。

就这样交替练习“专注于对境”，以及“让心安住于赤裸的觉性”，你就会开始体会神经科学家们所说的基本真理：我们所感知的一切，其实只是产生于心中的一种重建罢了。换句话说，所见之物和能见之心，两者是没有分别的。

当然，这样的认识不是一蹴而就的，得花点儿工夫加以练习。事实上，如同稍后我们会了解的，为了消融心和心所领受之对境两者的区别，佛陀教导了一些特殊的方法。只不过我在这儿抢先一步说了，每次我一兴奋起来就会这样。现在，让我们再回到把感官信息转化为安住自心的基本方法。

以声音为助缘的禅修

“以声音为助缘的禅修”跟“以色相为助缘的禅修”非常相似，

不同的是你现在要用的是耳朵。

首先，让你的心安住在放松的状态中一会儿，然后先慢慢地觉察耳边所听到的声音，比如自己的心跳声或呼吸声，或者四周自然出现的一切声音，有些人认为播放大自然音乐或轻音乐也很有帮助。你并不需要去辨认这些声音，也不需要专注在某个声音上。事实上，让自己觉察所听到的一切声音是更容易的，重点是，当声音触动耳朵时，培养对声音单纯的、本然的觉性。

就像在禅修色相时，你可能发现自己只能专注在声音上几秒钟，心便四处游荡去了。那也没关系，发现自己的心散乱了，就回到放松的状态，然后再把觉知移到声音上。就这样交替地专注于声音，以及让心安住于敞开的松缓状态中。

以声音为助缘的禅修大利益之一，就是将会慢慢教导你超然地聆听各种声音，而不会对这些声音下定义，于是你开始学会听到声音，却不会对声音的内容起情绪化反应。**当你逐渐习惯去察觉“声音不过是声音”之后，你会发现自己能够聆听批评，却不动怒或抗拒，也能够耳闻赞美，却不过度骄傲或兴奋。**如此，你就能以一种更轻松中立的态度去倾听他人说话，而不会被情绪性反应牵着鼻子走。

我曾经听过一个关于一位有名的印度西塔琴大师如何学会利用琴声作为禅修助缘的精彩故事。西塔琴是一种有着长长脖子的乐器，通常有 17 根弦，像吉他一样，会发出种种美妙的声音。这位西塔琴大师琴艺高超，印度各地总有人邀请他去演奏，因此，他就像现代很多摇滚乐团一样，总是在巡回演奏，几乎没什么时间待在家里。

在一次特别长的巡回演奏之旅结束后，他回到家乡，发现妻子竟然有外遇。尽管如此，这位西塔琴大师还是很镇定，也许是多年不断练琴和演奏所获得的定力，以及这动人乐器的声音之故，他的心既安定又专注。总而言之，他并没有跟妻子争吵，也没有暴跳如雷，相反，他跟妻子坐下来谈了很久。谈话之中，他醒悟到，妻子的外遇与他自己广受全国邀请巡回演奏所产生的骄傲一样，其实都是贪着的表现。这是让我们沉溺于娑婆轮回的三毒之一，而他对名声的贪着与妻子对情夫的依恋，两者并没有什么差别。

这个认识犹如晴天霹雳般打醒了他。他体悟到，倘若自己想要从这个执着解脱，就必须放下对成名的贪着。而唯一的办法，就是找到一位禅修大师，学习如何认出贪着其实只是心的习性的一种显现。

两人谈完话之后，他把所有财产都送给了妻子，只留下西塔琴在身边。因为他仍然对它充满了强烈的贪着，而所有的理性分析都无法去除这样的贪着，然后他就启程去寻找老师了。

最后，他来到 处尸林，即古代的坟场。尸林中，尸体人多被随意地弃置在地上，没有火化，也没有掩埋起来。这是个令人毛骨悚然的地方，地上遍布着人骨、碎裂的骨骸，还有半腐烂的尸首。但是，在这儿却最有可能找到已经克服死亡与无常恐惧的禅修大师。如果无法克服这两种令人害怕的状态，就会不断贪执眼前所有，并抗拒未知的未来，因而无法从娑婆轮回中解脱。

在这处尸林中，西塔琴演奏家终于找到了一位大悉达，也就是大成就者，梵文的意义即是“历经种种非凡磨炼而达到甚深了悟的人”。这位大成就者住在一间勉强可以遮风挡雨的破旧小屋中。就像我们在日常生活中遇到某些人，马上就感觉彼此有着很深的缘分一样，西塔琴演奏家对这位大成就者的印象就是如此。他请问大师是否愿意收他为徒，大师同意了。西塔琴演奏家于是就用树枝和泥巴在大师住处附近搭起了自己的茅屋，开始修持大师传授他的止禅修基本教法。

就像许多禅修初学者一样，西塔琴演奏家发现，要遵循老师的指示还真是困难。即使乖乖按照老师的指示去做，才坐没几分钟，却感觉像是坐了一辈子一样。每次一坐下来禅修，他就发现自己被弹琴的旧习性牵着鼻子跑，然后就会把禅修丢在一旁，开始弹琴。这使他感到罪恶异常，因为他竟然忽视自己的禅修，而宁愿只是弹他的琴。最后，他跑到老师的茅屋中向老师忏悔，说他就是无法静下来禅修。

“出了什么问题？”大成就者问他。

西塔琴演奏家答道：“我对我的西塔琴实在太执着了，宁愿弹琴而不禅修。”

大成就者于是告诉他：“这不是什么大问题，我可以教你怎么用西塔琴禅修。”

西塔琴演奏家本来以为会挨老师一顿骂的——我们大部分人面对老师时都是这样，但老师的话让他惊讶极了。

大成就者继续说道：“回你的茅屋弹你的西塔琴吧，演奏得好不好都没关系，只要用本然的觉性聆听琴声就可以了。”

西塔琴演奏家松了一大口气，回到自己的茅屋开始弹琴。

> 他听着琴声，不求自己的演奏是否臻至完美，也不期待从演奏或修持中得到什么成果。由于他学会了单纯地修持，而不期待成果，因此，几年之后他自己也成为一位大成就者。

我的学生当中没有多少个西塔琴演奏家，所以呢，这个故事的寓意，其实是要我们学习如何善用自己的经验作为修持的助缘，而不期待任何修持的成果。尤其是在西方交通拥堵时刻的声音、景象、气味等，其实都可以成为禅修的丰富助缘。别只是一心一意要通过车水马龙的街头，要好好观察塞车时的种种知觉，这样的修持就是禅修的大好机会。如果你可以把注意力从忙着赶到哪里，转移到安住在你周遭的感觉上，那么，你大有可能会成为一个“塞车大悉达”。

以气味为助缘的禅修

事实上，任何时候都可以利用当下最吸引我们的感受作为禅修的对境。比方说，以气味为禅修对境，这个对境无论在正式禅修或日常活动时都非常有用。正式禅修时，你可以将注意力集中在你周遭的气味上，也许是供香的气味（如果你喜欢的话），或者是在练习场所附近自然出现的气味也都可以。

在平时烹饪或吃东西时，以气味作为禅修的助缘特别实用。只要花点儿工夫，学着把注意力专注在食物的气味上，你其实就可以将无趣的事，比如烹饪、饮食，甚或在办公大楼中走来走去等活动，都转变为安定自心、增强心力的修持。

以味道为助缘的禅修

过了很长一段时间我才发现，当我在吃东西或喝饮料时，很少注意自己在做什么，通常都是忙着跟别人谈话，或者因为自己的问题、矛盾或白日梦而分心。结果是，我根本就没有投入当下正在做的事，也完全错过体验当下的感受。

专注于味道是非常实用的禅修技巧，我们可以利用每天的早、中、晚餐等好几次机会来进行禅修。

在学习以味道为专注的对境时，首先，同样让心自然地安住一会儿，再将注意力轻松地专注在所尝到的味道上，但不需要去分析它是苦的、甜的还是酸的。只要将注意力轻松地安住在我尝到的所有味道上，然后自然地安住自心即可。也就是将注意力放在味道的觉知和把心自然地安住这两个步骤交替练习。

其他有用的助缘

为了好好引导弟子们，因此我教导了多种不同的法门。

——《楞伽经》(*The Lankavatarasutra*)

除了以感官作为对境的禅修之外，佛陀也教导了其他随时随地都能简易上手的禅修技巧，其中一个就是以呼吸作为禅修的对境。

只要你还活着，就一定要呼吸，所以，将注意力导向呼吸的禅修随时都派得上用场。另一个助缘是我的一位老朋友，而且是我特别感谢的老朋友，若不是因为它，我小时候可能就疯了。这个助缘是我坐在山洞时意外发现的好方法，那就是持咒。

出入息

我学过很多种利用呼吸（出入息）作为禅修对境的方法，但我不在此一一赘述，就只讲两个最简单的方法。这两个方法不仅最容易修持，在公共场合也不会引起大众向你行“注目礼”。你只需将注意力轻轻地放在吸气和呼气的简单动作上，你可以专心注意空气经由鼻孔进入你的身体，或把注意力集中在空气进出肺部的知觉上。这种利用呼吸的禅修方式，非常类似前面提过的专注身体知觉的禅修。不同的是，在此我们缩小了知觉的觉察范围，只专注在吸气和呼气的体验上。由于呼气和吸气之间有着自然的短暂间隔，因此你也可以将注意力集中在吸气、呼气和间隔三个部分。

在我们紧张或散乱时，这种专注呼吸的方法特别有用。**观照呼吸的简单动作可以在内心制造出一种安定与觉知的状态，让你得以退一步看清当下所面临的难题，并且能够更加冷静客观地作出反应。**当你被压力逼得受不了时，只要将注意力放在呼吸上即可，没有人会注意到你正在禅修，大概连你是不是还在呼吸都没注意到呢。

以呼吸为助缘的正式禅修则稍稍有点不同，我学到的方法之一是，以数息（计算呼吸次数）的方式让注意力更加完全集中。即把第一次吸气和呼气算成“一”，下一次吸气和呼气算成“二”，以此类推，直到数到“七”为止，然后再从“一”开始算起。之后你可以提高次数，不过就像我们先前所提到的，一开始最好将修持的时间设定得短一些，这样你可以多次重复练习。

咒语，我的老友

以咒语来禅修是极具威力的技巧，不仅可以培养清晰的觉性，而且透过已证悟的大师们几千年来所持诵的这些咒语的力量，也能帮助我们净除层层的心理遮障，增长我们自利利他的能力。这样的联结一开始可能会让人难以接受，因为太像魔术了。不过，我们可以把咒语想成是在空间中回荡了几千年，甚至几百万年的音波，那就容易接受多了。

以咒语来禅修时，你的注意力是集中在一组似乎具有直接安定、清净自心效果的咒语念诵上。现在我们要做的这个练习，用的是一组由三个音节——即所有咒语的基础：**唵**（OM）、**阿**（AH）、**吽**（HUNG）——所组成的简单咒语。“唵”代表的是体验中清晰、分明，且有觉知的层面，“阿”代表的是空性，或者本具的广大开阔，而“吽”代表各种不同的显相及其空性本质的无二双融。

一开始你可以大声地持诵，然后逐渐转为内心的默念，重点是继续持咒默念约三分钟，然后让心安住。就这样交替练习持咒、安住，能做多久就做多久。无论你是否能立即感受到成效，让你自心解脱的种子此时已经抽芽了。

但解脱通常很少以我们所认为的形式到来，事实上，对大部分人来说，解脱不仅是不熟悉，而且显然是很不愉悦的概念。这是因为我们实在太习惯自己的锁链了，这些锁链也许擦伤了我们的皮肤，也许让我们皮破血流，但是，至少这是我们所熟悉的。

然而，熟悉感只不过是一个念头，有时候也只是一种感受罢了。为了帮助我们度过从熟悉感到解脱的艰难转化过程，佛陀给予各种直接运用念头和感受的教法。

| 第十二章 |

善用念头和情绪

把渴望抛诸脑后，将贪着从根断除！

——蒋贡·康楚·罗卓泰耶，《了义炬》

很久很久以前，在印度有个大半生都在帮主人放牛的牧牛人。大约 60 岁那年，他终于醒悟："这真是个无聊的工作，每天千篇一律地带牛到牧草地，看它们吃草，再带它们回家。我能从中学到什么呢？"经过一阵思考后，他决定放弃工作，并去学习如何禅修，至少可以借此让自己从娑婆轮回中解脱。

放弃工作之后，他便四处云游。有一天他看到了一个山洞里坐着一位大成就者。一见到这位大成就者，牧牛人心中就感到无比快乐，于是上前请教大师应该如何禅修。大师教他以念头为助缘的基本禅修教法。领受教法之后，牧牛人找到附近一个山洞，把自己安顿好，就开始进行修持。

就像我们大部分人一样，牧牛人一开始就遇到了难题。由于放牛放了几十年，他对牛产生了感情，每次要练习大成就者教他的修持时，他就会一直想着曾照顾过的那些牛。虽然他很努力阻挡这些念头，但牛的影像却不断在他心中出现。愈是努力想要去除这些念头，牛的影像就愈清晰。

把自己搞到筋疲力尽之后，他终于前去向大师报告这些教法对他来说真的太难了。大成就者问他问题出在哪里，他便一五一十说明了自己的困难。

“这并不是什么大问题，”大师告诉他，“我可以教你另外一个方法，就叫作‘牛禅修’。”

“什么？”牧牛人一脸惊讶。

“我是说真的，”大成就者答道，“你只要看着心中出现的牛群影像就行了。看着你自己像以前一样，带着它们去牧草地，看着它们吃草，然后再带它们回到农场。无论有什么关于牛的念头出现，就这样看着这些念头就行了。”

于是，牧牛人回到了自己的山洞，坐下来练习新的指示。由于不再试图阻挡自己的念头，这次他的禅修进行得很顺利。他开始感受到异常的宁静快乐，不再思念他的牛，心中也愈来愈安定、平稳且柔软。

过了一阵子，他又回去找大成就者，问道：“现在我已经完成牛禅修了，接下来应该做什么呢？”

大师答道：“很好，你已经学会如何安定自心了，我现在要教你第二阶段的牛禅修。教法是这样的：把自己的身体观想成一头牛。”

于是，牧牛人又回到自己的山洞，开始练习这个教法，想着：“好，现在我是一头牛，我有一对牛角、四只蹄，我会哞哞叫，我吃草……”他愈练习这个修持，就愈发现自己的心变得比以往任何时候更加宁静快乐。牧牛人认为自己已经精通这个修持之后，又回去找大师，请示是否还有第三阶段的教法指示。

“有的，”大成就者缓缓答道，“进行第三阶段的牛禅修时，你要专注地想着自己有一对牛角。”

牧牛人又回到山洞里，遵照老师的指示进行禅修，只专注地想着自己有一对牛角。他聚精会神，一心不乱地想着牛角的大小、位置、颜色，还有两只牛角的重量压在头部两侧的感觉。就这样练习了好几个月，一天早上起床之后，他想到山洞外如厕，但就在走出山洞之际，他感到头上有什么东西顶住了洞口两边的岩壁，让他无法走出去。他摸摸自己的头，看看是什么东西卡住了，结果惊异地发现，自己头上竟然长出了两只长长的牛角。

他侧着身体，好不容易才让自己从山洞中挤出来，然后又惊又怕地跑去找他的老师。

“看看发生了什么事了！”他大叫着，“您叫我练习牛禅修，结果现在我竟然真的长出牛角来！太可怕了，这真像是个噩梦啊！”

大成就者高兴地大笑：“一点也不可怕，这真是太棒了！”他大声说道，“你已经掌握了第三阶段的牛禅修了。现在，你必须进行第四阶段的练习，你要想：‘现在，我不是牛，我头上也没有牛角。’”

牧牛人很听话地又回到了自己的山洞，练习第四阶段的牛禅修，想着："现在，我没有角，现在我没有角，现在我没有角……"练习几天之后，一天早上他起床，发现自己竟然可以轻松地走出山洞，头上的牛角已经消失了。

他很诧异地跑去找大师，向大师报告："看，我头上已经没有牛角了！这是怎么一回事？当我想着自己头上有牛角时，牛角就长出来；当我想着自己没有牛角时，牛角就消失了。这到底是什么原因啊？"

大成就者答道："牛角的出现和消失，都是因为你自心专注的对象有所不同。心的威力强大无比，可以让经验看起来就像真的一样，同样也可以让经验看起来很不真实。"

"是这样啊！"牧牛人说道。

大师继续解释道："牛角并非唯一因为自心专注而出现或消失的东西。事实上，万事万物都是如此，你的身体、其他人，甚至这整个世界都是。万物的本质都是空性的，无一真实存在，一切都只是你自心所接收的对境罢了，认出了这点就是真正'见'到了。首先，你必须先让自心平静下来，然后再学会如何把事物看清楚。再接下来是第五阶段的牛禅修，也就是学会让宁静和正见都能平衡。"

牧牛人再次回到自己的山洞里，以宁静和正见来禅修。几年之后，他自己也成为一位大成就者，他的心已变得安定，并且从娑婆痛苦的轮回中解脱了。

现在已经没有多少牧牛人了，不然的话，也许这世界会是个比较平静的地方。不过，如果你胆子够大，也可以试试牧牛人的禅修方法，但是采用其他不同的对境来禅修，比如说汽车。练习汽车禅修几年之后，你可能也会像老牧牛人一样成为大成就者。当然了，你得愿意花上几年的时间长出大灯、车门、安全带，也许还有个后备厢也不一定，然后再学会让这些东西消失。做这样的练习时，你可能会发现自己很难进出办公室电梯。还有，当同事问你问题时，如果你用喇叭声而不用人话来回答的话，他们可能也会觉得怪怪的。

当然，这只是在开玩笑！其实还有其他更简单的禅修念头的方法，不需要真的去学怎么长出牛角或后车灯。

善用你的念头

念头生起时，不要把它当作是一种缺失，但要认出它是空性的，任它如是呈现。

——葛桑巴大师，《无上续》

即使你已经跟自己的五种感官成为好朋友，也已经学会运用感官所接收到的信息作为禅修的助缘，但你可能还是会感到那只“兴奋疯狂的猴子”有点难对付。这只猴子代表的是我们的意识，总是爱跳来跳去，乱制造迷惑、疑虑和不确定。即使你已学会安住在简单的感官觉性中，但这颗疯狂的猴心总还在寻找新的方式制造错乱，比如说，提出种种令人困扰的解读，想尽办法打断你已经达到的安定、清明和开阔，这有点像是在脑子里打枕头战，或抢食圣坛祭品。

疯猴子可能很难对付，但是，它的捣乱并非一件“坏”事，这仅只是根深蒂固的神经元模式企图抢镜头而已。这只疯猴子原本是人类为了面对生存威胁而设定的神经元反应，因此在面对疯猴子的时候，与其对它生气，倒不如善用它的存在。何不对它的运作生起感恩的心，感谢它让我们得以生存下来。

不过呢，在学会如何跟自己的感官合作之后，你就必须开始应付这只疯猴子了，诀窍就是利用疯猴子制造出来的念头与情绪作为安定自心的助缘。一旦可以跟这些念头和情绪合作无间，你就会发现，自己可以从亘古至今的求生反应模式中完全解脱出来。而这整个过程，就从质疑自己的每一个念头和每一种感受到底是事实还是习性开始。

我们生命中所学到的第一课，通常都是最重要的，比方说，“穿越马路前，要注意两边来车”“不可以拿陌生人给的糖果”“不可以玩火柴”。孩子从父母口中一再听到这些为了他们好的叮咛，然而，即使这些叮咛是那么重要，他们却总是左耳进、右耳出。人类的天性就是这样爱冒险，这是我们学习人生课程的方式，但有些教训会造成终生创伤，有的还会出人命。所以即使身为成人，我们还是要一再复习孩提时代学过的这些教训，并将这些传给我们的下一代，有意义的教训是值得一再重提的。

因此，请原谅我这么啰嗦地重复讲述自己早期正式受训时所学到的东西——思考是心的自然活动，**禅修不是去抑制你的念头，而是将心安住于心自然状态中的一种过程，并且在念头、情绪和感官知觉显现时，完全开放地接受它们、自然地觉察它们**。心就像是一条河流，正因为像一条河流，所以企图去停止河水流动根本是一件没有意义的事，不然你干脆试试停止心跳，或不让你的肺呼吸好了，有用吗？

但是，这并不表示你就得变成心的奴隶。当你不了解自己念头的本质与来源时，这些念头就会利用你。当佛陀认证自心的本质时，他便逆转了这个过程。他告诉我们如何善用自己的念头，而不是被念头所利用。

开始接受父亲的正式训练时，我非常紧张。我想他一定看到了我的心有多么狂乱，每秒钟又有多少疯狂的念头在我心中流过。我的根器这么差，他一定会把我赶走的。从某方面来说，我真的猜对了，他的确看到了我的心有多么狂乱，但认为我的根器太差而无法学习禅修，这点我倒是猜错了。

父亲告诉我和其他学生，禅修的时候无论有多少念头经过自己的心，都没关系。假使有一百个念头在一分钟的间隙里经过你的心，那么你就有一百个禅修的助缘。“你是多么幸运啊！”他曾经这样说，“如果你脑袋里的疯猴子在那里到处乱跳，那真是太棒了，就看着它兴风作浪吧！每一个跳跃、每一个念头、每一个干扰，就像是感官对境一样，都是禅修的助缘。当你发现自己在众多干扰中做困兽之斗时，你其实可以善用每一个干扰作为禅修的对境，如此，这些干扰就不再是干扰，反而成为你禅修的助缘了。”

但是他也警告我们，念头生起时，不要企图抓住每一个念头。无论有什么念头经过心中，只要看着它来来去去就行，轻松地、毫不执着地，就好像之前我们练习把注意力轻轻安住在色相、声音或气味上一样。

看着念头有点像在赶公交车一样，你刚赶到公交车站，发现公交车正在离站，那就得等下一班车了。同理，念头和念头之间通常都有一个空隙，这个空隙也许比一刹那还短，但它仍旧是一个空隙。这个空隙就是本然心完全开阔的体验；接着，另一个念头又跳出来，当它消失时，又是另一个空隙，然后，又一个念头到来、离去，跟着又是一个空隙。

看着念头的过程就是这样不断地循环：念头之后是空隙，空隙之后紧接着又是念头，然后又是个空隙。如果你能持续不断地练习，那么，渐渐地，这些空隙就会愈来愈长，而你如实地安住自心的体验也会变得愈来愈直接。所以，心有两种基本状态，一种有着念头，另一种则是没有念头，而这两种状态同样都是禅修的助缘。

初学时，对念头的注意力总是会漂浮不定。没有关系，发现自己心神游走时，就让自己觉察自己的心在游走即可。如果能让自己的觉性轻轻渗入这些念头，即使白日梦也可以成为禅修的助缘。

当你突然想到："哇！我应该要看着我的念头，我应该要专注在色相上，我应该要听着声音……"这时只要再把注意力拉回你应该专注的对境上就可以了，这些"哇"的当下经验中藏着大秘密，因为它们其实就是自心的刹那体验。

如果你可以把握每一个"哇"的当下体验，那就太好了，但这是不可能的。假使你试图这样做，那么它们就会被僵化成概念，结果"哇"的当下经验就会变成一种对"哇"的当下体验所形成的概念。不过，好消息是，愈是勤加练习，你就愈可能体验到更多的"哇"。渐渐地，这些"哇"的当下经验就会积少成多，直到有一天变成了心的自然状态，也就是一种从神经元的习性中解脱出来的状态，而这种心的自然状态，让你能够用一种全然的自在开放去看着任何念头、任何感受和任何情境。

“哇”是个很棒的东西。

我们现在就来练习一下“哇”，把注意力放在“念头”上作为禅修的助缘。就像其他练习一样，首先要让心安住于无所缘的觉性中一会儿。这是非常重要的，然后才开始看着你的念头。不要试图练习太久，让自己看着念头几分钟就好。

> 首先，安住你的心一分钟……
>
> 然后，让你的心察觉自己的念头，也许两分钟就好……
>
> 再安住自心一分钟……

练习完毕之后，问问自己刚刚的体验如何。有很多个“哇”吗？你能够清楚看到自己的念头吗？还是念头都很朦胧模糊？或者，每当你试图看着它们时，它们就像风吹薄烟似的消失无踪？

在公开教授这个修持之后，我都会询问与会大众的体验如何，所得到的答案五花八门，什么都有。有些人说，试图看着念头时，念头本身就会变得有点故弄玄虚似的，不是马上消失，就是变得不清不楚。也有些人说，他们的念头会变得很坚实清晰，以言语文字的形式出现在心中，而且他们可以看着念头来来去去，却不会太执着或被干扰。

现在，我要告诉你一个天大的秘密，那就是：根本没有什么秘密可言！人们所形容的这两个极端（念头消失或变得更清晰）与介于两个极端之间的一切，都是禅修的体验。假使你很害怕自己的念头，那么你就是任由念头控制你，因为它们对你而言是如此坚固真实，像真的一样。你愈害怕这些念头，它们的威力就会愈强大，但当你开始觉察这些念头时，由你自身所赋予它们的力量就会逐渐减弱，然后就会有两种状况发生。

有时，当你仔细观照念头时，念头会很快地出现又消失，念头和念头之间则留有很小的空隙。一开始，念头之间的空隙也许不会太长，但随着不断练习，这些空隙会愈来愈长，而你的心也更能以无所缘禅修而平静、开放地安住。

有些时候，看着念头的简易修持变得有点像是在看电视或电影。电视荧屏或电影银幕上可能有很多情节持续在发生，但实际上你并没有出现在电影银幕或电视荧屏上，对吧？你和你正在观看的影像之间存在着一个小小的空间，而在练习看着自己的念头时，你其实也会体验到自己和念头之间有着某种小小的空隙。

这个空隙并不是你制造出来的，因为它其实一直都在那儿，你只是让自己注意到它而已。由于愈来愈能够察觉这个空隙，你于是开始能够享受这个看着念头的过程，即使有些念头实在很可怕，你也不会被它们吞没或控制。

就这样，让念头以自己的方式展现，犹如大人看着孩子玩沙、用玩具士兵玩打斗游戏，或者玩其他游戏一样，孩子们如此起劲地玩着自己的游戏，但大人只是看着他们严肃当真的举动，深情温柔地笑了。

无论有什么体验产生都很棒，而且在练习时，这些体验无疑都会有所变化。有时你会严密仔细地看着念头，看着它们来来去去，并察觉到念头之间的空隙，有时你只是带点距离地看着。禅修其实比一般人想象得容易太多了，无论你正在经历什么，只要能随时觉察正在发生的一切，这就是禅修！

唯一会让你从禅修状态转换到其他状态的，就是当你试图控制或改变当下的体验时。不过，倘若你能觉察自己有控制当下经验的企图，这也是禅修。

当然，也有人根本看不到任何念头，他们的心里一片空白。这也没关系。你面对的是自己的心，因此，没有人可以评判你，也没有人可以为你的体验打分数。**禅修是完全独特的个人体验，没有任何两个人的体验是完全相同的。**

持续练习之后，你肯定会发现自己的体验有时是每天有所变化，有时这次禅修跟下次禅修会有所不同。有时你觉得念头很清晰、很容易观察，有时看起来却很模糊不清，或者一下子就溜走了。有时你也会发现正式禅修时，自己的心变得很昏沉，这也没关系，这种昏沉只不过是一组神经元针对你想禅修的意图在发表意见而已，你可以简单地观看这昏沉感或其他正在经历的感受。

将纯然的注意力集中在当下的体验上，就是禅修。即使神经元以“我不知道怎么禅修”的念头出现，只要你能看着它，那么它也可以成为禅修的助缘。

只要能保持觉知，或者说保持着正念，无论修持中发生了什么事，你所修持的都算是禅修。看着自己的念头即是禅修，无法看着自己的念头也是禅修。这些经验都可以是禅修的助缘，但重点是，**无论有什么念头、情绪或感官知觉生起，都要保持觉知。不管发生什么事，你都要记得保持觉知，那么这就是禅修。**如此一来，禅修就会变得比你想象中的容易太多了。

不愉快的念头

无论何种念头生起，莫试图阻挡之。

——第九世嘉华噶玛巴，《大手印了义海》

如果你才刚开始学习禅修，那么要单纯地看着跟不愉快体验有关的念头可能是件很困难的事——尤其是那些跟强烈情绪有密切关联的念头，诸如嫉妒、嗔恨、恐惧或羡慕等。这些不愉快的念头是如此顽强，一不小心我们就会深陷其中。不知道有多少人跟我谈过这样的问题，手指加脚趾也不够数，尤其是当他们跟家人、同事或其他人发生口角之后，这些不愉快的念头会让他们无法释怀。日复一日，他们心中重复播放着当时说的话或做的事，然后发现自己深陷念头的泥潭，不断想着对方有多么恶劣，自己当时其实可以或应该说的话，抑或不停地想着要如何报复对方等。

面对这种念头最好的方式就是，退一步，以无所缘的止禅修让心安住一分钟，然后再去察觉每一个念头，还有由这些念头所衍生的种种念头与想法。如此直接观看两者约几分钟，就像在做色相禅修那样。如此，时而以无所缘禅修来安住，时而交替地将注意力带回到那些念头上，练习有所缘禅修。

当你以这种方式面对负面念头时，会产生两种结果。（别担心，跟长牛角一点关系也没有！）一种是当你安住在觉性中时，你的心就会开始安定下来；另一种则是你会发现自己对这些念头或情节的注意力其实是来来去去的，就像你以色相、声音和其他感官知觉为禅修助缘时一样。当你的念头被时有时无的注意力觉察到时，就跟念头会被其他事情，诸如摺衣服、购物、准备开会等中断一样，你的念头也会被你的觉察力打断，渐渐地，这些不愉快的念头对你的心的钳制也会慢慢松脱。于是你开始了解到，这些念头其实并不如一开始所呈现的那般坚实、强烈，而更像是电话占线的信号，也许很烦人，但也并非你处理不了的。

当你以这样的方式运用不愉快的念头时，它们就会变成安定内心的资产，而不是负债。这也像是到健身房练举重，逐渐加大磅数一样，只不过你锻炼的是内心的肌肉，久而久之，你的抗压能力便会愈来愈强。

善用你的情绪

我们无需感到自己完全被情绪主宰。

——卡卢仁波切，《温言细语》(*Gently Whispered*)

由于情绪大多很清晰且持续，因此它们是比念头更有用的禅修助缘。我父亲和老师们教我，情绪基本上分为三大类：正面情绪、负面情绪，以及中性情绪。

正面的情绪，诸如爱、慈悲、友谊、忠诚等，可以强化我们的心智，培养我们的信心，并提高我们帮助他人的能力。有些佛典的英译将这些情绪及相关行为统称为“virtuous（善）”。至少就我对西方听众的观察而言，这样的译法看起来多少跟道德观有些关联。事实上，这些行为和情绪跟伦理道德一点关系也没有。我的一个学生的英文造诣还不错，他告诉我，由藏文“gewa（善）”译为英文的“virtue”，其实比较接近“virtue”最早的意义，就疗愈力而言是“具有效能的、有效的”。

负面的情绪，诸如恐惧、嗔恨、悲伤、嫉妒、哀恸等，通常被译为“不善”（non-virtuous，藏文 mi-gewa）。这些情绪通常会削弱我们的心智，破坏我们的信心，也会增加我们的恐惧感。

中性的情绪基本上是非善非恶的反应，也就是非正面亦非负面的感受，就像我们对铅笔、纸张或订书机的感受。你可以试试看，要对铅笔生起正面或负面的感受可不容易！

利用情绪作为禅修助缘的方法，端视你正在经历的情绪类别而有所不同。倘若你现在的感受是正面的、会强化心智的情绪，那么你就可以专注在那个感受和感受的对境上。比方说，假使你感受到对小孩子的爱，那么你就可以把注意力放在这孩子身上，以及你对这个孩子的爱。倘若你对遭遇困难的人感到悲悯，那么你就可以专注在那个需要帮助的人和你悲悯的感受上。如此一来，这个情绪的对境就会成为情绪本身的助缘，而情绪本身同样也成为一种助缘，让你能够专注在启发情绪的那个对境上。

相对而言，倘若我们一直专注在负面情绪的对境上，通常就会在内心强化那个人、那个状态，或那个事物“本身很坏”的印象。无论你多么尽力试着生起慈悲心、信心或其他正面的感受，你的心几乎还是会自动对那个对境生起这样的负面情绪：“哇！那个真的很坏，要想办法除掉它，跟它拼了，或者三十六计走为上计！”

面对负面情绪时，比较建设性的办法跟禅修负面念头的方法很像，要把注意力安住在情绪本身，而不是安住在对境上。就这样看着情绪，不要用头脑去分析，不要紧抓着这个情绪，也不要阻挡它，只要观看着它即可。当你这样做的时候，情绪就不会像一开始所感受的那样强烈了。

我第一年闭关时，由于突然要跟许多人相处，这使我内心生起了恐惧和焦虑，逼得我不得不跑回自己房间独自禅修，当时我所用的方法就跟这个差不多。一旦开始单纯地观看自己的恐惧感之后，我便看清楚它们并非是坚固无法拆解的，并非我永远也无法战胜的怪物。事实上，它们只不过是一连串小而短暂的生理感受和印象，由于它们在觉性中跳进跳出的速度非常快，因而看起来好像很坚实完整。（我稍后也发现，这就如同一堆快速旋转的亚原子微粒制造了看似无法分割且坚实的显相一样。）这样觉察我的恐惧感之后，我开始想道："嗯，太好玩了，这恐惧感根本没有这么强烈啊！事实上，它还没有伤害性的，而且只是一堆短暂的感受，显现之后，停留个一两秒钟也就消失无踪了。"

当然，这个过程并非一夜之间就发生的，我花了好几个星期的时间让自己完全沉浸在其中，就像狂热的科学家埋头在一个实验当中一样，而且我还得益于多年的训练支撑。

从这个体验中，我对佛陀在几个世纪以前所教导的种种方法更生敬佩之心，因为这些方法竟然能够帮助他根本不认识的人克服种种困难。当我开始学到更多关于大脑的构造与功能，以及现代物理学家对实相本质所阐述的洞见之后，对于佛陀透过内审而发展出的禅修技巧，以及科学家通过客观性观察获知这些技巧，两者之间的解释一致，着实令我诧异不已。

不过，这些跟负面情绪有关的对境——无论是人、地或事件，有时是如此清晰深刻，让我们实在无法忽略它们的存在。这种情况发生的时候，千万不要试图阻挡，而是要善加利用它们，把你的注意力安住在色相、气味、味道，或者先前学到禅修所用的对境上，如此，情绪的对境本身就能成为强而有力的禅修助缘。

这些方法在你开始直接面对本书第一部分所提及的根本烦恼时特别有用。刚开始学习有关烦恼的课题时，我心想："糟了，我充满缺点，我很愚痴，我有很深的贪着和嗔恨，我一辈子都得这样痛苦下去了。"不过，后来我听到一个古老的谚语，也不知道是真是假，内容大概是说："孔雀会吃一种有毒的植物，利用其中的毒素增进羽毛的光彩艳丽。"

由于童年时期曾被恐惧和焦虑逼得缩成一团，因此我很了解烦恼的强大威力。有 13 年的时间，我每天都觉得自己会死去，而且为了从恐惧中解脱，有时也真的希望赶快一死了之。直到我去闭关，不得不正视这些烦恼时才知道，愚痴、贪着和嗔恨其实都是禅修功课的生命素材，就像是孔雀吃的毒草一样，会转变为强大加持的源泉。

每一种烦恼都是智慧的基础，倘若我们深陷烦恼之中，或者试图压抑这些烦恼，最后就会作茧自缚，为自己制造更多问题。如果能够反过来看着这些烦恼，那么，那些我们深恐会伤害自己的事物，就会逐渐转化为我们所能期待的最有力的禅修助缘。

烦恼不是敌人，而是我们的朋友。

这是个令人难以接受的事实，但每当你退缩、无法认同时，请想想孔雀的例子。毒草并不好吃，但孔雀如果真的吞下它，就能转毒草为炫丽的羽毛。

在这个修持的最后一课，我们看到面对最可怕、最痛苦的经验时，可以运用什么样的禅修对治法。细查这些修持之后，我们就会知道，任何使我们退缩、惊恐或脆弱的烦恼，也具有同等的力量，能让我们变得更强壮、更有信心、更开放，且更有能力接受自身佛性的无限可能性。

|第十三章|

慈　悲

以开阔、慈爱的心看待所有的人。

——寂天菩萨,《入菩萨行》

我们生活在同一星球上，因此，必须学会彼此合作。在这个失去慈悲的世界里，唯一能让人们彼此合作的方式，就是通过外界的强制力，比如说警察、军队，还有他们背后的法律和武器。

但是，倘若我们可以学习培养对他人的慈悲心——打从心底自然而然地知道，在做任何利益自己的事时，也必须要利益到他人，而以利益他人为基础时，自己同时也会得到利益——那么，我们就不再需要法律、军队、警察、枪支或炸弹了。换句话说，我们可以提供给自己最好的安全措施，就是培养出一种宽大的心胸。

有些人说，如果每个人都很亲切、慈悲的话，那么这个世界就变成一个无聊的地方，大家都会跟绵羊一样，整天无所事事地虚度光阴。这种说法其实一点道理也没有。

慈悲的心是一颗勤奋的心。这个世界本来就有层出不穷的问题：每年都有儿童死于饥荒，还有许多没有被媒体披露的但在战争中被屠杀的人们，再加上大气层中积累的有毒气体已严重威胁到我们的生存。不过，我们根本不用舍近求远去寻找痛苦，光看看自己周围就够了：同事经历离婚之苦、亲戚罹患生理或心理疾病、朋友失业，每天还有许许多多动物因走失或遭主人弃养而被杀害。

如果你真的想了解慈悲心有多么积极活跃，那就试试下面这个简单的练习，大概只需要短短五分钟。请先坐下来，准备好纸和笔，把你希望解决的十个问题都写下来，无论是天下大事或私事都可以，你不需要想出解决方案，只要把它们清楚列出就行。

写出这张表单很简单，却会大大改变你的心态，唤醒你自心本性中自然的慈悲。

慈心与悲心的意义

如果列表写出自己不喜欢的人，我们就会从中发现很多自己无法面对自己的面向。

——佩玛·丘卓（Pema Chodron），《从当下开始》

最近，我的一个学生告诉我，他觉得“慈”和“悲”这两个字眼太冷漠了，听起来很疏远，而且太学院派，太像是一种要对他人遭遇感到难过的心智练习。“为什么就不能用比较简单或直接的字眼呢？比如‘爱’这个字？”他问道。

佛教之所以用“慈心”和“悲心”这样的名相，而不用简单的“爱”，其实是有原因的。“爱”这个字非常接近与欲望相关的心理性、情绪性或生理性反应，因此会产生一种危险理解上的偏差——误把这敞开心门的慈悲心与“自他”二元的概念（比如“我爱你”或“我喜爱那个东西”）混淆在一起。因为我们对所爱的对境会产生一种依赖感，并且会强调在“爱人”和“被爱”中的个人利益。当然，也有某些爱是超越个人利益且涵盖利他的意愿，例如父母与子女之间的关系。事实上，大部分的父母应该都会同意，他们对孩子的爱其实是奉献远大于个人回报。

不过，总体而言，“慈心”和“悲心”有点像是语言上的一种“暂停标志”，它能使我们停顿一下，想一想自己跟他人的关系。从佛法的观点来看，“慈心”即是祈愿一切有情众生——包含我们不喜欢的众生在内——都能体验到我们自己所渴望的喜乐和自由，换句话说，也就是深刻体会到每个人都有着相同的需求和渴望：都想要安居乐业，都能免于对痛苦与伤害的恐惧。即使是蚂蚁或蟑螂，它们的需求和恐惧跟人类完全相同。身为有情众生，我们都是一家人。慈心暗示着在情感甚至是行为上发展慈心或认同感的觉知，而非停留在知识概念的挑战。

悲心则是慈心的扩展，将其他有情众生看成跟自己同等，甚至更重要。悲心的基本意义即是“同理心”，也就是“感同身受”，只要是会让你伤心难过的，我也会感到伤心难过，而任何对你有帮助的，也会对我有帮助。以佛教名相而言，“悲心”就是能够完全同情他人的感受，而且随时随地积极准备好以各种方法来帮助他人。

更实际地说，假使你撒谎，最后受害的是谁？是你自己。你必须一直活在惦记着自己撒过谎的阴影中，要小心掩饰才不会露出马脚，而且为了圆谎，还得编织出更多的谎言。假设你从办公室或其他地方偷了东西，即使只是小小的一支笔，想想看，你得花多少工夫才能掩饰自己的行为？然而，虽然你尽力掩饰自己的行为，但几乎不可能不被逮到，因为想要完全不露出马脚是不可能的。所以，整件事到最后，只是徒然浪费了很多时间与精力而已，倒不如把这些时间、精力用在对他人生起慈悲心这种更有建设性的事情上。

悲心，其实就是认出每个人和每件事都是其他人和其他事物的投影反射。古老的《华严经》中描述，宇宙是印度神因陀罗（Indra）的意志力所创造的一张无边的网。在这张无边的网中，每一个连接点都挂着一颗精雕细琢且具有无数切面的宝石，而每一颗宝石的每一个琢磨面上都映现着其他宝石的所有琢磨面。由于这张网本身、宝石的数量，以及宝石的琢磨面都无量无边，所以投影反射也无量无边。如果这张无边际网中的任何一颗宝石有所改变，其他的所有宝石也会跟着改变。

用因陀罗之网来解释看似无关联的事物之间其实却有着神秘关联，是很诗意的。最近很多学生告诉我，现代科学家长久以来一直努力想要了解粒子之间的“关联”，或物理学家所说的“纠结”问题，这些粒子是人类心智甚至用显微镜都不易看到的。过去几十年来，科学家所进行的亚原子粒子实验明显指出，任何曾经有过关联的事物，彼此间的关联就会一直持续下去。就像因陀罗之网的宝石一样，无论它们在时空中相隔多远，任何影响到其中一个微小粒子的事物，自然会影响到另一个。

现代物理学的一个理论也提到，形成这个宇宙的大爆炸发生之际，所有物质就已经在单独的一点中结成一体，因此，“任何影响到宇宙中任一粒子的变化也会影响到其他粒子”的说法虽然尚未得到证实，但理论上是非常有可能的。

因陀罗之网所提到的深奥连接，目前虽然只是对当代科学理论的一个比喻，但有一天很可能会成为事实，而这种可能性就会让我们把培养慈悲心的整个观念，从只是某种好的想法转化成一件震撼生命的大事。就这样，只是改变一下观点，你不仅能够改变自己的经验，还可以改变这个世界！

循序渐进慢慢来

要超脱对任何经验的执取。

——第九世嘉华噶玛巴，《大手印了义海》

慈心与悲心的训练必须循序渐进地进行，否则很容易就会一下子承受太多。我想通过一则密勒日巴的故事来说明次第渐进的重要性。这是我刚开始接受此阶段训练时听到的故事。密勒日巴是公认的西藏最伟大的证悟大师之一，他大多是通过当下自然流露的证道歌和诗歌来教导弟子。

密勒日巴一生浪迹天涯，有一天，抵达某个村落之后，他便坐下来唱歌。有个村民听到他的歌之后，便完全陶醉在歌曲中所说的：要舍弃世间自己所贪执的一切，过着隐士般的生活，以便尽快证悟，并尽此余生去帮助更多人。

这个村民于是将自己的意愿告诉密勒日巴，密勒日巴则温和地建议他，最好还是先待在家里一阵子，按部就班地修习悲心。但这位仁兄却坚持一定要马上舍弃一切。他没有听从密勒日巴的忠告，匆匆赶回家之后，就热切地把自己所有的财物都送了人，包括他的房子。然后，用布简单包了几样必需品，便径自启程前往山林了。

找到一处山洞后，这人便坐下来开始禅修。但他既没有禅修经验，也没有学过任何禅修方法，三天后，这位可怜的仁兄开始觉得又冷又饿又累。饥寒交迫地过了五天，他就动了回家的念头，但同时也觉得很难为情。“我大张旗鼓地舍弃了所有的财物来禅修，”他想道，“如果才五天就回家，大家会怎么想？”

到了第七天晚上，他再也无法忍受又冷又饿的生活了，于是便返回村里。他羞赧地询问邻居是否愿意把财物还给他，大家当然都很乐意。这位仁兄把自己安顿好之后，又跑回去找密勒日巴尊者，谦卑地请求上师教导基本禅修教法。依循着密勒日巴尊者所教导的次第，他终于变成了智慧与悲心兼具的大禅修者，并且利益了许多众生。

当然，这个故事是要告诉我们，不应期待立即的结果，而是要循序渐进地学习禅修。由于我们的“自”与“他”二元观是长久累积的习性，因此不能奢求马上就能将之克服。假使我们太急于一头栽入悲心之道，就会跟刚刚那位轻率放弃所拥有一切的仁兄一样。

这还算好，最糟的是，可能还会因为后悔自己的善行，而给自己制造一堆经年累月才能完全克服的心理障碍。

我父亲和其他老师都曾针对这个观念对我再三叮咛。如果循序渐进地学习，你的人生也许不会明天或下个星期就有所改变，甚至一个月后可能也不会有什么改变。但是，一年或多年之后再回顾这些过程时，你的确会看到其中的不同。你会发现，自己身边围绕着许多慈爱且支持你的伙伴；面对冲突时，他人的言语和行为也不再像以前一样，看起来那么具威胁性；你有时感受到的痛苦和烦恼，也将变得更容易应付了，而且相较于其他人所经历的苦难，它们的重要性甚至会缩小，而不再是天大的事了。

“对他人生起悲心”的次第修习之道，共分为三个阶段，而且就像学生在学基础数学一样，每一阶段都得练习好几个月之后，才能进行更高阶的练习。第一阶段要练习的是，对自己和亲近的人生起慈心或悲心；第二阶段则专注在对所有众生生起无量的慈心和悲心；第三阶段则要培养所谓的“菩提心”。

菩提心又分为两种层次，也就是“绝对”与“相对”，亦即传统所说的“胜义菩提心”和“世俗菩提心”。“绝对菩提心”[①]即是自然地认识到，无论行为或外相为何，一切有情众生其实都是已经完全证悟的。但要达到这个层次的自然认识，通常要下一番苦功多多练习才行。而所谓的“相对菩提心”[②]，除了是生起一种渴望，渴望

---

① 绝对菩提心，absolute bodhicitta，也作“胜义菩提心”，对自心本性的直接洞察。

② 相对菩提心，relative bodhicitta，或称“世俗菩提心”，在自他相对的架构之下，欲想帮助一切有情众生认证自身佛性的一种发心。

一切有情众生都能因认出自己的真实本性而完全远离痛苦之外，还包括为了实现这个渴望，因而积极从事一切修持。

第一阶段修习

当你想到死刑犯时……想象那就是你。

——巴楚仁波切，《普贤上师言教》

慈心和悲心的禅修跟前面所提到“止”的修持有很多类似之处，两者主要的不同在于安住之对境与方法的选择。在多年接受正式训练的过程中，我所学到的最重要经验之一，就是每当我将自心自然的特质“悲心”排阻于外时，我不可避免地会感到自己很渺小、脆弱且胆怯。

我们很容易就会认为“自己”是唯一在受苦的人，而别人似乎都可以免于痛苦的迫害，好像他们天生就掌握了保持快乐的能力，而我们却因为某种宇宙的意外而不具备这种能力。这种想法只会让我们夸大自己的问题，实际上问题并没有那么严重。

我也曾经跟大家一样有过这种错误的想法，结果只是更加孤立自己，让自己困在二元模式的思考中自怨自艾，觉得自己软弱、脆弱，又畏缩害怕，跟这个世界所有人都格格不入，而其他人好像都比我强、比我快乐、比我更有安全感。我也误以为他人具有可以掌控我的力量，对我的幸福造成威胁。不论何时，我都以为有人会以某种方式剥夺我所获得的安全感或幸福。

这些年来与他人共事中，我开始明白自己并非唯一有这种感受的人。面对他人时，大脑中古老的爬虫类脑的某个部位会立即评估我们所面对的是朋友或敌人，我们甚至会把这个感知的范围逐渐延伸到无生命物，乃至万事万物，包括电脑、烧坏的保险丝、录音机上一闪一闪的灯等，看起来似乎都具有某种威胁性。

然而，开始练习悲心的禅修之后，我发现自己的孤立感开始减弱了，同时也觉得自己越来越有力量。以往我只看到问题，现在开始能够看到解决问题的办法。以前我也曾经重视自己的喜乐超过他人，但我也逐渐了解到，他人的福祉其实是让我自心宁静祥和的基础。

在学习开展慈心与悲心时，我所学到的是，这一课其实要从如何“珍惜自己”开始。这非常不容易，尤其是对成长于强调个人缺失而非优点的文化里的人，这点特别困难，而这并非只是西方社会特有的问题。闭关的第一年，对自己所生起的悲心真的救了我自己一命。如果我没有认出自己的真实本性，没有深刻看着内心深处，见到内心深处拥有真正的力量，并且了解它不是我一贯所认为的脆弱，那么我恐怕永远都离不开我的房间。

在闭关房独处的时候，我想起了“人类”的梵文为“purusha”，这个字的基本意思是“具有力量者”，这给了我很大的帮助。身为人类即具有力量，尤其是具有完成自己所欲求的一切的力量，而我们的欲求其实又回归到最基本的生物欲求，即想要远离痛苦，得到快乐。

因此，刚开始培养慈心与悲心的阶段，就是要把自己当作禅修专注的对境。最简易的方法就是，将前几章提到的“扫描修持”作一点延伸变化：如果是正式禅修，就尽量用七支坐法，否则只要挺直脊椎，全身放松，维持平衡，让你的心单纯地在纯然的觉性中放松即可。

将心安住在无所缘禅修中一会儿之后，先做一次快速的“扫描修持”，逐步地观察自己的身体。当你扫描身体时，让自己了解到，拥有人身是多么美好的一件事，更何况还有一颗能够“扫描”它的心！我们要让自己了解，单是拥有生命这个基本事实就多么了不起，而拥有人身和心这样伟大的礼物，又是多么幸运啊！

就在这样的认识中安住一会儿，然后慢慢引入这样的想法：“如果可以一直享有这么幸运的人身和心，该有多好啊！如果可以一直享有这种幸福美好，可以一直拥有这些能引发快乐、宁静和良善的乐因，那该有多好啊！”

然后就让心安住，保持开放与放松。如果是正式禅修的话，安住的时间不要超过三分钟；如果是非正式禅修，则不要超过几秒钟。保持短时间禅修，然后安住自心是非常重要的。短时间禅修后安住的修持，会让这种新觉知愈来愈稳定，或以西方科学术语来说，就是给大脑建立新模式的机会，而不让旧有的神经元对话支配。简单来说，就是在“放下”禅修时，让自己有机会体验到由禅修所带来的正向觉受的净化过程。

一旦你开始熟悉自己对快乐的渴求之后，就会愈来愈容易把这样的觉知扩展到周围的人、动物，甚至昆虫等其他有情众生身上。**慈心和悲心的修持实际上包括培养一种认识，即知道所有生物都想得到健全完整、安全且快乐。**你只要记得，他人内心正在经历的任何状态，其实就是你自己内心正在经历的状态。当你能够这样记得的时候，你就会了解，根本没有任何理由对其他人或事物感到恐惧。你会感到害怕的唯一原因，就是因为没有认清你所面对的其他人或生物跟你一样，都只是想要离苦得乐的众生。

传统佛经教导我们，要先以母亲作为禅修的对境。母亲对我们展现了无限的慈悲，孕育我们，把我们带到这个世界，在我们年幼的时候抚育我们。为了我们，母亲必须做出很大的牺牲。我知道许多西方人跟自己的父母并不一定有很贴心、亲近的关系，在这种情形下，以父母亲作为禅修对境的方法就不太适用了。这时，你可以选择别的对象作为专注的对境，比如说慈爱的亲人、老师、知心好友或孩童，也有些人选择专注在自己的宠物上。禅修对象是谁都没关系，重要的是，把注意力轻轻安住在那个你感到非常贴心或温暖的对象上。

进行慈心和悲心的正式禅修时，先以七支坐法开始，否则至少要挺直脊椎，并自然地放松全身（比如搭公交车或火车时）。就像所有的禅修练习一样，把身体的姿势安顿好之后，下一步就是让心自然地安住一会儿。无论刚刚在想什么都全部放下，让你的心大大地深呼吸释放一下。

以无所缘禅修安住一会儿之后，把觉知轻轻地带到那个让你感到关心、充满感情的对象上。如果有其他非选定对象的影像出现，而且比你所选定的对象还要清晰强烈的话，也不用太惊讶，这种情形是很自然的。我的一个学生刚开始做这个禅修时，本来是选定年幼时非常疼爱他的祖母作为观修对象，然而脑海中却频频出现童年时豢养的一只兔子。这就是心的自然智慧展现自身的一个例子。事实上，他跟这只兔子之间有很多温暖的回忆，当他终于向记忆投降之后，他的练习就变得容易多了。

有时你会发现，心中自然生起的是跟某人相处的一些美好经验，而非原先选定的禅修对象的抽象影像。这也没关系，培养慈心和悲心的重点是让自己体验温馨和充满情感的真实感受。

在禅修过程中，要让这份温馨或充满情感的感受扎根在心中，就像在土壤中种下一颗种子一样。就这样感受几分钟之后，再以无所缘禅修安住几分钟，两者交替练习。交替练习这两种状态时，记得要告诉自己，祝愿这个禅修对境也能体验到你对他（她）所感受到的开阔感与温馨感。

这样练习一会儿之后，就可以进展到下一阶段的慈心与悲心的修持了。跟先前一样，首先以正确适当的姿势安坐好，以无所缘禅修让心安住几分钟，然后心中想着那个选定的慈悲心对境。

安住在禅修对境上之后，可以有两种方式继续进行下去。第一种是想象你所选定的对象处在非常悲伤或痛苦的状态中，当然，如果这个对象目前真的悲伤至极或痛苦缠身，那么你只要想着此人目前的状况就行了。无论是哪一种情况，你心中所想象的影像自然会制造出一种深刻的爱和联系感，还有一种迫切想要帮助此人的渴望。想着你关心的某人或某物置身痛苦的深渊会让你感到心碎，但这颗碎裂的心也是一颗宽广的心，每一次的心碎都是让爱和悲心盈溢全身的契机。

另一个方法是，把你的注意力轻轻地安住在所选定的对象上，同时问问自己："我有多么想要得到快乐？有多么想要远离痛苦？"尽可能让这样的想法愈清楚愈好。例如，假设自己被困在一个又热又闷的地方，你难道不想换到一个比较凉快且开阔的地方吗？假如你的身体感到疼痛，你难道不希望消除疼痛吗？想一想自己的答案，同时把注意力慢慢地转移到你所选定的对象上，然后想象一下，如果此人置身相同情境时会有什么感受。这样的练习不仅能让你对其他众生敞开心胸，也会让你自己对当下所经历的痛苦或不适的认同感消失。

对你熟悉或关心的人生起慈悲心并不难，因为，即使他们表现得很愚蠢或顽固，让你很想把他们掐死算了，但毕竟你还是爱他们的。然而要把同样的温馨和关怀扩展到陌生人身上，那就有点困难了。更难的是，要把对慈悲的觉知扩展到你非常不喜欢的人身上。

我曾听过一则发生在四五十年前的故事：

有一对男女刚结婚不久，但新娘才进夫家，就开始为鸡毛蒜皮的小事跟婆婆争执不休。婆媳之间剑拔弩张，并逐渐严重到谁看谁都不顺眼：在新娘眼里，婆婆根本是个爱管闲事的老巫婆，而婆婆也认为这个年轻媳妇刚愎自用，一点也不尊重长辈。

两人之间高涨的敌意根本没有什么确切原因可言，但是到最后，新娘竟然生气到恶从心生，决定想办法把婆婆杀了。于是她找了一个医生，请医生给她毒药，好让她可以在婆婆的食物中下毒。

医生听完这个新娘的抱怨之后，同意给她一些毒药。“但是，”他警告说，“假如我给你会马上发作的剧毒，那么，大家就会把矛头指向你，说：‘你竟然毒死了婆婆！’然后也会发现毒药是我卖给你的，这样对我们两个都不好。所以，我会给你药性比较温和、发作得比较慢的毒药，这样她才不会马上死去。”

医生又指示她，下毒期间要尽力欢喜地服侍婆婆。“每餐服侍她的时候，都要面带微笑，”他嘱咐着，“告诉她，希望她喜欢这些饭菜，还要问她需不需要其他东西。态度要谦恭体贴，这样别人就不会怀疑你了。”

新娘同意了，于是把毒药带回家，当天晚上就把毒药加进婆婆的饭菜中，并且恭敬有礼地把晚饭端给婆婆吃。被这样恭敬服侍了几天之后，婆婆对媳妇的观感开始改变了。“也许她并没有我想得那么骄傲自大，”老婆婆自忖道，“也许我错看她了。”慢慢地，她也开始对媳妇愈来愈好，不仅赞美她的烹饪手艺，又说她很会持家，两人后来甚至开始聊起天、说起笑话来了。

老婆婆的态度一转变，媳妇当然也跟着改变了。几天之后，她开始想道：“也许婆婆并没有我想得那么坏，其实她人还挺好的。”

就这样过了大约一个月，这两个女人竟然变成了好朋友，两人相处甚欢，关系好到媳妇不再想对婆婆下毒。但她接着便开始担心起来了，因为她意识到自己已经在婆婆的每一餐饭里下了很多毒药，婆婆很可能就快死了。

因此，她赶紧回去找医生，告诉他：“我犯了个天大的错误！我婆婆其实是个很好的人，我真的不应该对她下毒的。拜托你帮帮忙，给我解药吧！”

医生听了媳妇的话之后，静默了良久。“很抱歉！”他告诉她，“我实在帮不上忙，因为根本就没有解药。”

媳妇听了难过极了，不禁放声大哭，咒骂着想杀了自己。

“你为什么要杀自己呢？”医生问道。

媳妇答道：“因为我竟然对一个这么好的人下毒，现在她就快死了，我应该了结自己的生命来惩罚自己的恶行。”

医生又沉默了一下，然后咯咯地笑了起来。

“这时候你怎么还笑得出来？”媳妇质问道。

“因为你根本不需要担心。”他答道，“我说没有解药，是因为一开始就没有给你毒药。我给你的，事实上只是无害的草药。”

我喜欢这个故事，因为这是一个显示体验的自然转变有多么容易发生的简单例子。起初，这位新娘和婆婆相互仇恨，彼此都认为对方坏极了。然而当她们开始以不同态度对待对方之后，便开始以不同的眼光看彼此。她们看到了对方的良善，最后变成了亲近的朋友。她们其实还是原来彼此看不顺眼的“那个人”，唯一改变的只有她们自己对事情的看法。

这类故事的发人深省之处，就在于让我们看到，我们对他人的第一印象可能是错误或被误导的。但我们也不需要因为犯了这样的错误而感到自责，这只是愚痴所造成的结果罢了。幸运的是，佛陀所教导的禅修法门不仅提供了修正这些错误的方法，也让我们得以预防这样的错误再度发生。这种修持被称为“自他交换”，简单地说，就是想象自己处于你不欢喜的人的立场或情境中，设身处地体会对方的感受。

虽然自他交换的修持随时随地都可以练习，但如果能利用正式禅修打好基础是再好不过了。正式禅修有点像是帮手机电池充电，电池充满电之后，无论在何处或任何情况下，手机都可以用。不过，最后电池没电时，还是得再次充电。电池充电跟拓展无条件慈心与悲心的不同处在于，通过正式禅修，以慈悲心回应其他众生的习性，会制造出一连串自我延续、随时保持“满载”状态的神经元连接，一点儿也不会失去动力。

自他交换正式禅修的第一步骤，跟平常一样，先以正确姿势坐好，让你的心安住一会儿，然后想一个你不喜欢的人或物。**不要批判自己的感受，允许自己去全然体验，将所有的批判和辩解都放下，会让你体验到某种程度的开阔感和清明。**

下一步则是接受自己当下所感受到的一切，无论是愤怒、怨恨、嫉妒或渴望，这些感受都是当下痛苦或不舒服的来源。感受的对象本身并非痛苦的来源，你之所以会痛苦，是因为你的心对专注的对象有所反应而造成的结果。

比方说，你可以想一个曾经用尽残酷、批判且轻蔑语气对你恶言相向的人，或者某个曾对你睁眼说瞎话的人，然后让自己认出这一切也不过是有人发出声音，而你刚好听到而已。如果你曾下过一点工夫练习以声音为对境的止禅修，“自他交换”禅修法对你来说，应该感觉很熟悉。

此时，你可以有三种选择：第一个，也是最可能发生的选择，那就是被嗔恨、罪恶感或怨恨不断折磨而耗尽自己。第二个选择（也是非常不可能发生的）就是去想：“我应该要花更多时间做声音的禅修。”第三个选择则是，想象自己就是那个以言语或行动让你感到痛苦的人，问问你自己，这个人是真的想要伤害你，才说出这些话或做出这些事？或者只是为了要减轻他（她）自己的痛苦或恐惧？

大部分状况下，你其实应该已经知道答案了。你可能无意间听说了那个人的健康状况或人际关系，也许他（她）正深陷职场的困境中。即使你不清楚那人目前的状态，但是从对自己慈悲到扩及他人的悲心修持中，你也会知道，人的行为背后其实只有一个动机：渴望安全或快乐。假如有人做出伤害性行为，或说出伤人的话语，那是因为他们没有安全感或不快乐，换句话说，他们心中感到恐惧害怕。而你也很清楚害怕是什么样的感受。对他人有这层认识的话，就是抓到自他交换的重点了。

另一个自他交换的方法，就是选择一个“中性”的焦点，即你并不很熟悉但知道某个正在经历某种痛苦的人或动物。你的焦点可以是一个饱受饥渴煎熬的外国孩子，或一只困在捕兽器中绝望地企图咬断自己的腿以便逃离的动物。这些“中性”的众生经历着各种无法控制的痛苦，他们无法保护自己免于这些痛苦，也无法从这些痛苦中解脱。然而他们所经历的苦痛，以及极力想要让自己解脱痛苦的渴望，却是显而易见的，因为，你自己也有着相同的渴望。因此，即使你不认识他们，你还是能够了解他们的心理状态，并感同身受地体验他们的痛苦。我敢打赌，如果你能够将悲心扩展到那些你不喜欢或不认识的人身上，你肯定不会变成一只无趣懒散的老绵羊。

第二阶段修习

祈愿一切众生都能拥有快乐，以及产生快乐的因。

还有一种可以帮助我们生起无量的慈心和悲心的特别禅修，在西藏，这种修持被称为“通连”（tonglen），也就是一般所说的“施受法”[①]。

施受法的练习其实很容易，只需要在观想和呼吸之间做好简单的协调就行了。第一步是，要先认出我们自己有多么想要快乐、远离痛苦，而其他众生的感受同样也是如此。你并不需要观想什么特定的众生，不过，如果你认为对自己有帮助的话，也可以用一个特定的观想对境作为开始。然而到最后，就要把施受法的修持扩展到超越你所能想象的一切众生，包括动物、昆虫，以及我们的知识或能力无法见到的其他空间中的生命。

根据我所学到的，重点就是要记住宇宙中充满了无量众生，然后想着：“就像我想要快乐一样，所有众生也都想要快乐；就像我希望远离痛苦一样，所有众生也都希望远离痛苦。我只是一个人，其他众生的数量却是无量无边，无量众生的幸福快乐远比我一个人的幸福快乐来得重要多了。”当你让这些想法在心中发酵时，你其实就已经开始在积极地祈愿其他人远离痛苦了。

一开始先以正确姿势坐好，让自己的心简单地安住一会儿，然

① 施受法，sending and taking，藏文的字面意义为“传送与承担”。将个人所有的快乐送给其他有情众生，并承担他人痛苦的一种修持。

后以呼吸的方法把你所有的快乐传送给一切有情众生，并吸取他们的痛苦。当你呼气的时候，想象你生命中已获得的所有快乐和利益，以净光的方式从自己身上倾泻而出，散布到所有众生身上并融入他们，圆满他们所有的需求并净除他们的烦恼。一开始呼气时，就要想象净光立即碰触到所有众生，当你的气全部呼出时，净光已经完全融入他们。而吸气的时候，则要想象一切有情众生的烦恼与痛苦像一道黑色烟雾状的光，从你的鼻孔吸入，并融入你的心中。

持续这样练习，想象所有众生都从痛苦中解脱，并充满了欢喜与快乐。这样练习一会儿之后，让心单纯地安住一下，然后再开始练习。就这样交替练习施受法并安住自心。

如果有助于观想的话，你也可以挺直身体坐着，双手握拳轻轻地放在大腿上。呼气时，观想净光射向所有众生，同时打开手掌，让双手从大腿滑向膝盖；吸气时，则想象将其他众生的痛苦黑光收回，并融入你自己，同时将双手收回，再轻轻握拳。

宇宙中充满了千千万万不同的生命，完全超越我们的想象，更遑论要提供每个众生直接且即时的帮助了。但是，透过施受法的修持，你就会对无量众生敞开心胸，真心祈求他们的幸福快乐。这样做的最终结果是，你的心会变得更清明、更平静、更专注、更觉知，而且会发展出直接与间接帮助有情众生的无限能力。

有个古老的西藏民间故事，可以清楚说明发展全然无偏之悲心的利益。

有个翻山越岭讨生活的牧民，因为没有鞋子穿，赤裸的双脚走在崎岖不平、长满荆棘的山路上，疼痛难当。于是，行程中他便开始收集死去动物的皮革，沿途铺在山路上，把凹凸不平的石块和荆棘遮盖起来。但问题是，无论他再怎么努力，也只能遮盖几百平方米的面积而已。直到最后他才灵光一闪，只要用几小块动物皮革替自己做一双鞋子，就可以不疼不痛地走上几千里路了。用皮革包覆他的双脚，就等于覆盖了整块大地一样。

同样的道理，当每一个冲突、每一个情绪、每一个负面想法生起时，如果你企图一个个分别去处理，就会像那个牧民企图以皮革覆盖全世界一样。与其如此，倒不如专心发展慈爱且平和的心，这样你就可以将同样的方法运用在日常生活中的所有难题上。

第三阶段修习

一个已唤醒纯正悲心之力的人，就会善于以身、语、意三门致力于他人的福祉。

——蒋贡·康楚·罗卓泰耶，《了义炬》

觉醒的心，也就是菩提心的修持，看起来似乎极为神奇，因为当你选择将他人视为完全证悟的众生时，他们通常都会以一种比原来更正向、更有信心且平静的方式回应你。不过说真的，这过程一点也不神奇，因为你只是以他人全然的潜能来看待他们、跟他们对话，而相对地，他们也尽自己最大的能力来回应你，如此而已。

就如前面所说，菩提心分为两个面向，即绝对菩提心与相对菩提心。绝对菩提心即是对心之本质的直接洞察，在绝对菩提心或绝对觉醒心之中，主体与客体、自与他之间毫无差别，一切有情众生都自然而然被视为佛性圆满的示现。然而，只有极少数的人能够立即体会到绝对菩提心，而我当然没有这种能力。就像大部分人一样，我必须按部就班，以相对菩提心之道慢慢训练自己。

这个修持道之所以被称为“相对菩提心”是有原因的。第一，它跟绝对菩提心有所关联，因为就某种意义来说，两者有着相同的目标，那就是对“佛性”或者觉醒心的直接体验。举例来说，绝对菩提心就像建筑物的顶楼，而相对菩提心则可比喻为其下的楼层。所有楼层都是建筑物的一部分，但每一个较低楼层都跟顶楼具有相对的关系，想要到达顶楼的话，你就得先通过所有较低楼层。第二，当我们达到绝对菩提心的境界时，就不会对有情众生有所区别，每一个众生都被视为佛性的圆满示现。然而，在练习相对菩提心时，我们仍需要在主体与客体或自与他之间的关系框架中运作一切。到最后，根据许多大师所说，比如蒋贡·康楚仁波切曾在《了义炬》中提到，绝对菩提心的生起必须依赖相对菩提心的培养。

相对菩提心的开展涵盖两个层面：“愿菩提心”和“行菩提心”[①]。“愿菩提心”意味着培养帮助一切有情众生的衷心渴望，直到他们能够认出自身的佛性为止。我们要先想：“我祈愿自己完全证悟，以便能够帮助一切有情众生达到相同的境界。”“愿菩提心”主

---

① 行菩提心，application bodhicitta，指通过认证有情众生的佛性，以实际行动帮助众生从各种痛苦及苦因之中解脱。

要专注在修持的“果”或结果上。就这个意义而言，“愿菩提心”强调的是设立目标带领众生到达某个特定目的地，例如伦敦、巴黎或华盛顿特区等。当然，就“愿菩提心”而言，这个“目的地”指的就是心的全然觉醒，也就是绝对菩提心。

至于“行菩提心”，佛经里通常将之比喻为实际跨出脚步，以便抵达预期的目的地，也就是专注在达成“愿菩提心”目标的方法上。通过各种方法，帮助一切有情众生通过认出自己的佛性，因而远离各种痛苦和苦因，进而得到解脱。

就如前面所提到的，在修持相对菩提心时，我们其实都还困在某种程度的二元观中看待其他有情众生，认为他们相对于我们而存在。但是，当我们的发心并非只为了自己，也为了让一切有情众生达到完全认出佛性的境界时，奇妙的事就发生了：这个“自”与“他”的二元观会逐渐消融，而且，为了帮助他人而发展出来的智慧和力量，同时也帮助了我们自己。

就面对人生的态度而言，培养相对菩提心确实是待人处事的一大升华。不过，这还得下一番工夫才行。我们很容易就会谴责那些与我们观点不同的人，不是吗？大部分人都这样，就像轻率且不假思索地就把蚊子、蟑螂或苍蝇打死一样。

开展相对菩提心的重点，就在于认出那股想要打扁一条虫的欲望以及亟欲谴责与我们意见不合的人的强烈冲动。因为这两者基本上是一样的，是一种根植于大脑的“对抗或逃避”的生物本能反应，或者，直截了当地说，就是我们的鳄鱼本性。

因此，开展相对菩提心的第一步，就是要决定：“我宁可是条鳄鱼，还是一个人？”当鳄鱼的话，确实有很多好处。因为鳄鱼非常善于打败敌人而赢得生存机会，但它们却无法爱别人或体验被爱的感受。它们既没有朋友，也永远无法享受养育孩子的喜悦；它们不会欣赏音乐或艺术，也无法开怀大笑，而且它们之中有很多到最后还会沦为穿在别人脚上的皮鞋。

假如这本书你已经读到这里了，那么你应该不会是条鳄鱼。不过，你应该认识一些行为像鳄鱼的人。开展相对菩提心的第一步，就是放下你对“鳄鱼人”的厌恶，并培养对他们的悲心，因为他们并不知道自己错过了多少关于生命的丰富与美丽。一旦你可以这样做，那么要将相对菩提心扩展到一切有情众生身上就容易多了，包括真的鳄鱼，还有其他让你感到讨厌、害怕或恶心的生物。只要想一想这些生物错过了什么，你大概就会自动对它们敞开心胸了。

事实上，“愿菩提心”和“行菩提心”就像硬币的两面，少了其中一面，另一面就无法存在。“愿菩提心”就是培养一种永无止境、随时准备帮助所有众生的心态，帮助他们获得全然的喜乐与自由，完全远离痛苦与伤痛。无论你是否真的能够度脱他们都没关系，重要的是你的发心。“行菩提心”则牵涉到实现发心所需要的行动，修持“行菩提心”可以增“愿菩提心”，而修持“愿菩提心”也可以增强“行菩提心”。

修持“行菩提心”的方法有很多，比方说，尽全力做到不偷盗、不说谎、不搬弄是非、不蓄意以言语或行为引起他人的痛苦，尽力对他人行布施、调解纷争、言语温柔有礼而非行为失控，以及随喜他人的快乐与成就，而非让嫉妒或羡慕淹没自己等，这些行动都是将禅修体验延伸运用在日常生活中每个层面的方法。

再也没有比想要引领众生达到认出自心本性的圆满解脱与全然

幸福快乐还要伟大的发心和勇气了，最后到底有没有成就这个目标并不重要，仅只是这个发心就具备强大的力量了。在实现这个发心的过程中，这股强大的力量就会让你的心变得更坚强，你的烦恼会消失，你会变得更善于利用各种善巧方便去帮助其他众生，而在如此实践的同时，你也创造了自身福祉的因缘条件。

| 第十四章 |

修持的方法、时间与地点

清净坚定的信心需要循序渐进地建立。

——第十二世泰锡度仁波切，《帝洛巴传》

我最常被问到的问题之一是：“为什么有这么多的修持法门？到底哪一个最适合我？”如果你对周围稍加观察，你就不得不承认，没有任何两个人的个性和能力是一模一样的。有些人擅长语言文字，可以精准地掌握口语教导，也能自在地对他人解说；有些人则偏“视觉型”，对于图解和图片说明的接受度最高；有些人的听觉比他人敏锐，有些人对气味较敏感；有些人则擅长推论分析，很快就能了解复杂的数学公式；还有些人则拥有诗人情怀，非常善于以各种隐喻和类比，为自己和他人描述这个世界。

选择最适合自己的方式

安置正念的守卫，然后安住。

——嘉华·扬·贡巴（Gyalwa Yang Gönpa），《了义海大手印》节录

不同情况需要不同的方法措施，因此，若能掌握几种可供选择的方式，肯定会很有帮助。这个法则在人生的各个层面很管用，举例来说，在商场或人际关系中，有时比较适合用电子邮件进行构思、修改及沟通想法，但有时候一个电话或面对面的会议会更有效率。

同样地，以禅修而言，**最适合自己的技巧，不但依个人特定状态而有所不同，也取决于每个人的个性和能力**。比如，在面对悲伤、嗔恨、恐惧等情绪时，施受法有时可能是最好的法门，但有时只要利用情绪本身作为“止”的修持对境可能会更有效。想找出对自己最有效的技巧，唯一的方法通常就是通过尝试与错误。

重点是，选择一个你最喜欢的方法，然后持续修持一段时间。假使你是属于偏“视觉型”的人，那么一开始练习安定自心时，就可以先用色相禅修法练习一段时间；假使你对身体的感受较为敏感，那就试试身体扫描法或专注在呼吸上；假使你是个“言辞型”的人，就试试念诵咒语。技巧本身并不重要，重要的是学到如何安住自心——跟心互动，而不是被心牵动。

不过，由于心是如此活跃，如果只用一种方法来修持，很容易就会感到无聊厌烦。练习某个法门几天、几星期或几个月之后，你会发现自己开始有这种想法：“好烦哦，又得做禅修了。”比如，假

设你一开始选择的是色相禅修法，刚开始，一切看起来似乎都很美好、顺利。但某一天，毫无来由地，你突然对这个修持方式感到厌烦了——没有关系，这时你不一定要继续禅修色相，你可以试试别的，比如说，禅修声音。

接下来的一段时间，这个新的修持方式似乎很新鲜且令人振奋，你可能会想："哇，我从来不曾这么清明过！"

但经过一段时间之后，你可能发现自己又开始对这个新技巧感到厌烦了。这也没关系，如果你开始觉得声音禅修法很无聊，那就再试试别的新方法，比如，你可以禅修气味或看着自己的念头，或把注意力放在呼吸上。

你现在应该比较了解佛陀为何要教导这么多不同的禅修法门了吧？在电视、网络、收音机、MP3 和电话发明之前，佛陀就已经知道人心是多么烦躁不安，又多么离不开那些让人烦乱分心的娱乐消遣，所以他教导了我们许多面对这颗烦躁之心的法门。

不管你选择什么方法，重要的是，每一次禅修之中都要交替练习"有所缘禅修"，以及直接安住自心的"无所缘禅修"。有所缘禅修法的重点在于发展出某种程度的心理稳定度，让你得以在自心感知事物的同时，能够保持对自心的觉知。以无所缘禅修法和有所缘禅修法两者交替练习来安住自心，能让你充分消化、吸收自己所经历的一切。通过这样的交替练习，无论你处于哪一种状态——面对自己的念头和情绪，或面对似乎是存在于"外界"的某个人或某种情境——你都会逐渐学会认出，所有你正在经历的一切都跟你的觉性息息相关。

时间短，次数多

……远离所有的蓄意造作。

——帝洛巴，《恒河大手印》

神经元对话制造了某种看似天然生成或独立的自我，或者某种看似天然生成或独立的他人。若想斩断这些积习已久的神经元对话，那么，养成正式禅修的习惯是最有效的方法。若能抽出时间做正式禅修，你就会发展出一种具有建设性的习性：这种习性不仅能削弱旧有的神经元模式，还能有效地建立起一种新的神经元模式，使你能认出自心如何参与感知过程。

虽然一天当中随时都可以进行正式禅修，但是根据我所学的，正式禅修的最好时间是在经过一夜好眠，尚未进行任何日常活动的清晨时刻，这时候我们的心最清新，也最放松。出外工作或处理生活琐事之前，先拨出一些时间做禅修，会奠定你一整天的生活基调，也会增强你整天持续修持的决心。

不过，有些人实在没办法一大早起来做正式禅修，勉强把清晨的禅修列入每日行程当中，只会让你觉得禅修是件例行工作罢了。如果你发现真是这样，请务必另外选一个比较方便的时间，也许是午餐时间、晚餐后或睡前都可以。

正式禅修并没有什么“规定”，不过，倒是有个非常实用的指导方针。我父亲总是向所有学生一再叮咛强调这一点，而他的说法也很容易让人铭记在心：时间要短，次数要多。

我开始教学之后，发现有许多学生才初学禅修，就为自己设定了不切实际的目标。他们认为禅修就是必须以标准姿势坐得愈久愈好，因此就坐在那儿，试图把自己“镇定”在禅修状态中，试图用意志力迫使自己进入平静的状态。一开始几秒钟，这种方式似乎很有效，他们真的感受到某种宁静的觉受，但是，心总是不断在变动，不断在处理新的念头、新的对境以及新的感官触受。这本来就是心的工作，而禅修即是学习如实面对自心，而不是强迫你的心套上某种佛法束身衣。

我们以为连坐好几个小时便是所谓的“精进”，但是，真正的“精进”并非强迫自己超越原本的极限。真正的“精进”是指尽一己之力做好，而不是专注在你想要达到的结果上。也就是说，我们要在过于松散和过于紧绷之间找到一个适宜的中间地带。

经典中记载了另一个琴艺非凡的西塔琴家故事。他是佛陀的亲近弟子，但佛陀发现这个弟子非常难以调教，因为他的心要么太过紧绷，要么太过松散。当他一紧绷起来，不仅无法禅修，连佛陀教过的简单祈愿文都不记得怎么念诵。可是当他的心过于松散时，就干脆连修持都放弃了，只管睡大觉。

因此，佛陀最后终于问他：“你回家后都在做什么？在家里会弹琴吗？”

这位弟子答道：“会啊！”

“你的琴艺高超吗？”佛陀问他。

西塔琴家答道：“是的，我是国内第一把交椅。”

“那么，你都怎么弹琴的呢？”佛陀询问他，“弹奏音乐时，你都怎么调整音调？把弦调得很紧，还是调得很松呢？”

“都不是，”弟子回答，“如果我把弦绷得太紧，就会发出‘铮铮’的声音；如果调得不够紧，就会发出‘蓬蓬’的声音。只有当我把弦调得刚刚好，不紧不松的时候，音调才会准确。”

这时，佛陀微笑了，跟这位西塔琴家交换深深的目光。最后，佛陀说道：“禅修就是要像这样。”

这个故事说明了初学禅修时避免过度紧绷是很重要的。现代人由于生活繁忙，在初学正式禅修时，就算每天只抽出 15 分钟，也都代表了极大的承诺。无论你将这 15 分钟分成三个 5 分钟或五个 3 分钟来练习都可以。

尤其是在初学时，尽可能投入时间做禅修，同时又不过分紧绷，这点是绝对重要的。我可以提供大家的最好建议是，把禅修看作去健身房。实际到健身房运动 15 分钟，总比什么都没做好多了。所以，即使你只能花 15 分钟做禅修，也比完全没有投入修持好得多。有些人只能举 10 磅重，有些人却可以轻易举起 50 磅。如果你只能举 10 磅，千万不要逞强举 50 磅，否则不但会把自己累得够呛，而且很可能会就此放弃。禅修时，要像在健身房运动一样，尽力就好，不要超过自己的极限。

禅修又不是竞赛，你轻松地花 15 分钟所做的禅修，最后可能比有些人过分勉强地花好几个钟头做长时间禅修来得更有益处！**最好的禅修原则是，禅修时间要比你自认为自己能力所及的时间再短一点。**如果你觉得自己可以禅修 4 分钟，那就禅修 3 分钟；如果你觉得自己可以禅修 5 分钟，那么，4 分钟之后就可以停下来了。

以这样的方式练习的话，你就会发现自己热切期待下一次禅修的到来。因此，与其让自己觉得自己达到某种目标，还不如让自己感到意犹未尽来得好。

另一个更快速的短时间禅修法，是用一点时间生起菩提心。菩提心是一种为了他人利益而渴望达到某种程度了悟的心态。别太在意这个渴望是否特别强烈，这个发心本身就足够了。练习一阵子之后，你可能会发现，这个发心开始有了重大深远的切身意义。

在你花了一些时间生起这种宽广、包容的心态之后，以无所缘禅修安住自心一会儿。无论你在何时选择了什么方法禅修，禅修之后，再交替无所缘禅修是非常重要的。

在安住自心与生起菩提心之间，至少已经过了一分钟。现在你有一分半钟可以好好练习你所选择的方法。不论是专注在一个视觉的对境、一种气味或一个声音上，看着念头或感受，或是练习某种悲心的禅修等都可以，之后就安住在无所缘的止禅修中约半分钟左右。[①]

修持快结束时，你大概可以用 30 秒做“功德回向”。无论是公开教导或私人面谈，我常常被学生问到这个问题：“为什么最后一定要做功德回向？”

在每座修持结束之前将功德奉献出来，其实也可以说是一种祈愿，也就是祈愿将修持所获得的任何心智力量或情绪力量都奉献给他人。这不仅是殊胜简短的悲心练习，同时也是消融自他差异的一种极为微妙之法。

---

① 此处明就仁波切教导的禅修次第为：首先，生起菩提心。其次，安住自心于无所缘禅修。以上两者为前行，约用一分钟。再次，正行：有所缘禅修。自选对境。约用一分半钟。正行最后：安住自心无所缘禅修。约用半分钟。最后，结行：功德回向。约用半分钟。所以在这个例子中，整座禅修用去了三分半钟。

功德回向只需30秒钟，用藏文或中文念都可以，中文偈言如下：

以此功德愿众生
圆满福德与智慧
以此福德智慧故
愿能证得二妙身

另外，虽然我不能说有什么科学根据，但有些学派相信，以西藏原文读诵祈愿文可以增强其力量。他们认为这些藏音祈愿文已经被念诵回向了许多世纪，因此通过藏音的复诵，可以跟这些古老的声波产生连接共鸣，因而增强回向的力量。因此，我想在此处提供大家这首回向偈的译音：

给瓦帝依皆沃坤（Gewa di yee che wo kun）
索南耶谢措作内（Sönam ye shay tsok dsok nay）
索南耶谢雷炯位（Sönam ye shay lay jung wa）
当巴姑尼托巴秀（Tampa ku nyee top pai shok）

无论你选择用正式的藏文偈言或非藏传的中文偈言，以功德回向结束修持是有其实际原因的。

“功德”的藏文是“索南（sönam）”，意思是“心智力量”或“发展心智力量的能力”。从事善行时，我们自然而然的惯性想法是：“我真是个好人！我刚刚才做了禅修，才为一切众生做了祈愿，祈愿他们都能离苦得乐。那我能从中得到什么？我的生命会因此而变得更美好吗？这些修持对我有什么好处？”

这些话也许跟你脑海里的想法并非一模一样，但也八九不离十了。而你也确实做了好事。唯一的问题是，这样祝福自己通常会强化自我与他人之间的差异感。“我做了一件善事”“我真是个好人”“我的生活将会有所不同”等，诸如此类的想法微妙地强化了一种观感，那就是自我与其他众生是分离的，会对你修持后所生起的悲心、信心和安全感逐渐造成损害。

通过回向你修持的功德——换句话说，刻意思维“每个人其实都渴望一切有情众生之间充满平静和满足”，你就会很巧妙地将“自我与他人为不同个体”的神经元惯性认识逐渐消融殆尽。

非正式禅修

工作中，要记得随时认出心的本质。

——祖古·乌金仁波切，《如实》

每天都要抽出时间做正式禅修，有时候真的很困难。你可能必须花上好几个小时为重要会议做准备，又或者你必须出席重要场合，比如婚礼或生日宴会等；有时你已经答应陪孩子、伙伴或配偶做什么事；有时你就是觉得好累好累，一个星期工作下来，你只想整天躺在床上或看电视。

一两天没做正式禅修会不会让你变成一个坏人？不会的。那会不会把你之前投入时间做正式禅修所产生的改变逆转回去？也不会。一两天（或三天）没做正式禅修就表示你得重新驯服一颗未调伏的心吗？也不是。

正式禅修非常棒，因为一天坐 5 分钟、10 分钟或 15 分钟，就会创造一个改变自己观感的机会。不过，佛陀早期的学生都是农夫、牧人或游牧民，他们每天都得耕种庄稼、看顾牲畜、照顾家人，实在没有多余时间可以好好坐下来，盘起双腿、摆直双臂、眼光端正专注地正式禅修，可能连 5 分钟都无法办到。因为一下子哪里有头羊在咩咩叫，或一下子宝宝哭了，又或一下子可能有人冲进营帐或茅屋，通报大家说一阵急雨就快要把庄稼都毁了。

佛陀其实很清楚他们的难处。虽然许多野史外传都把佛陀的出生和成长背景描写成富裕王国的皇子，在富丽堂皇的宫殿中长大。但事实上，他的家世并没有那么显赫。佛陀的父亲其实只是十六国中的一位首领，为了避免自己的国家被印度吞并，必须奋力对抗强大的印度君主政体，而他的母亲生下他之后，便与世长辞。青少年时，父亲强迫他结婚以延续香火，但他却选择离开家园，追求一种比政治和军事权谋更有意义的生活。因此，他的继承权被剥夺了。

所以当我们谈到佛陀时，应该要知道，他其实非常了解日常生活中不一定会有机会或闲暇做正式禅修。佛陀对人类最大的贡献之一，就是教导我们可以随时随地进行禅修。

事实上，**佛法修持的主要目标之一，就是要将禅修运用到日常生活中，任何日常活动都可以是禅修的机会**。在日常生活中，你可以看着自己的念头，随时将注意力安住在味道、气味、色相或声音的体验上，抑或当你纯然地觉知心中各种念头、感受而生起奇妙的体验时，就在这样的体验中安住几秒钟。

不过，对非正式禅修而言，先设定某种目标是很重要的。比方说，每天进行不超过 1～2 分钟的非正式禅修约 25 次，如果能记下次数的话就更好了。第三世界的僧人和牧民通常都用念珠来计数，但西方人的选择可说是五花八门：有轻便的随身计算器、掌上电脑，甚至还有超市里用的那种小小的计算机，或者你也可以简单地用便条纸写下来。重点是，记下所有非正式禅修的次数，以便和你所设定的目标作对照。举例来说，假使你正在进行无所缘禅修，就计算为一次，随后你分心了，就再重新试一次，这就算是两次了。

用这种方式来安排禅修练习的极大利益之一，就是既方便又具机动性，你随处都可以做修持，无论是在海边、看电影、工作、在餐厅吃饭、搭公交车或出租车，或者在学校，只要你记得自己有禅修的意图，那就是禅修。

无论你对自己的禅修满不满意，真正的重点是，牢记自己有禅修的意图。若有抗拒禅修的念头生起时，就想一想老牛边走边撒尿的画面吧！这一想，你的嘴角应该就会扬起一丝微笑，也会提醒你，修持其实就像老牛撒尿一般，是很容易、很必要，也很能放松自己。

当你习惯一天 25 次短时间禅修之后，就可以开始把目标提升为 50 次，然后逐渐增加到 100 次。重要的是，要订一个计划，如果没有订出任何计划，你就会完全忘了修持这档事。若每天都能这样做几秒钟或几分钟禅修，让自己安住或集中注意力，就会帮助你稳定自心，而当你有机会做正式禅修时，就不会觉得好像在跟陌生人吃晚饭似的。你会发现对自己的念头、情绪和所接收的对境熟悉多了，就像可以坐下来交心直言的老朋友一样。

非正式禅修还有几个好处。第一，有些人正式禅修时很安定、平和，但到了办公室就变得又紧张又愤怒。如果能把修持和日常生活结合在一起，你就可以避免坠入这样的陷阱中。第二，这或许是更重要的一点，即一般人都误以为一定要在绝对安静的地方才可以禅修，但日常活动中的非正式禅修练习，却能逐渐消除这种错误的普遍印象。

从来就没有任何人找得到所谓毫无干扰的地方，到处都有干扰。即使到了山顶这种远离办公室或城市喧嚣纷扰的宁静之处，你一开始也许会觉得很轻松舒畅，但一等到心沉淀下来，肯定能听到一些微小的声音，比如蟋蟀的鸣叫、风吹过树梢的声响、鸟儿或小动物的嬉戏声，或者流经岩缝的潺潺流水，刹那间，你所寻找的绝对安静就被中断了。

即使是关起门窗在室内禅修，你一定还是会被什么东西所干扰，比如瘙痒、背痛、吞咽、水龙头滴水声、闹钟的嘀嗒声或者楼上的脚步声等。无论身在何处，你永远都会遇到干扰。无论干扰以何种形式出现，无论有多烦人，非正式禅修最大的益处，就是让我们学会如何面对这些无所不在的干扰。

随时，随地

以禅修面对所有的情境。

——蒋贡·康楚·罗卓泰耶，《觉醒大道》

记住前面所提到的，接下来我们来看看可以运用在日常生活中的一些修持方式，甚至连一般认为是干扰的事物都可以用来当作禅修的助缘，帮助我们安住自心。古老的典籍称这种方法为“以生活为道用”。

即使只是走在街道上，也可以是发展正念的大好时机。你是否经常发现自己在做某件事时，比如说前往超市或到餐厅吃饭时，怎么浑然不觉地就到达目的地了？这就是疯猴子发泼撒野的典型例子，我们任由疯猴子制造各种干扰，不仅让自己无法充分体验当下时刻，同时也剥夺了我们专注和训练觉性的机会。此处所说的机会，指的是能够有意识地把注意力放在周围的事物上，也许是看着你所经过的建筑、人行道上的行人、街道上的车水马龙，或者行经路线上的树等。当你真的去注意你所见到的，这只疯猴子就会安静下来，你的心会变得比较不焦躁，同时也会有一种平静感。

你也可以将注意力放在行走时身体的感受上，比如注意双腿的移动、双脚接触地面、呼吸或心跳的节奏等。即使在繁忙时刻，这个方法也很管用，是克服匆忙赶路焦虑感的有效方法。当你把注意力放在自己身体的感受上，或者他人，或者路过的地方与其他事物时，你还是可以快步行走，只要让自己想着：“现在我正走在街上……现在我看到了一栋建筑……现在我看到一个穿着T恤和牛仔裤的人……现在我的左脚接触到地面……现在我的右脚接触到地面……”

如果能在这些行动中都带着有意识的觉知，烦乱和焦虑就会逐渐消失，而你的心也会变得更平静、更放松。当你到达目的地之后，也能够以更自在、开放的心态面对下一阶段的行程。

你也可以利用相同的专注力来开车，或在家中、职场中进行一切日常活动。只要把注意力放在视线范围内的种种对境上就行了，也可以运用声音作为禅修助缘。甚至像烹饪或饮食这类简单的活动，都提供了修持的大好机会，比如切菜时，你可以边切边把注意力放在切割的形状或颜色上，也可以注意汤汁或酱料沸腾冒泡的声音；吃饭的时候，便把注意力放在体验到的气味和口味上。

你可以任选这些情境来练习无所缘禅修，无论你在做什么事，既无贪着也不嫌恶地让自心单纯开放地安住即可。

你甚至可以在睡觉或做梦时进行禅修。当你快睡着时，可以用无所缘禅修来安住自心，抑或轻轻地将注意力放在睡意的感受上。或者，你也可以在睡前默默对自己复诵几遍："我会认出我在做梦，我会认出我在做梦，我会认出我在做梦……"创造一种将梦境转为禅修经验的机会。

结　论

当你开始感到完全孤寂时，你就是开始在帮助自己，让自己回到家。

——邱阳·创巴仁波切，《幻相的游戏》（*Illusion's Game*）

禅修并非"单一规格"的修持。每一个人都意味着不同性格、背景和能力的独特组合，也由于认识到这点，佛陀教导了形形色色的法门，以帮助芸芸众生在人生旅途和各种情境中认出自心本性，并从贪、嗔、痴三毒中获得真正的解脱。有些法门看起来虽然平凡无奇，却代表着佛法修持的心要。

佛陀教法的重点在于，要我们将正式禅修的体验，应用在日常生活中的每一层面。否则，正式禅修帮助我们培养出对空性、智慧和慈悲的直接体验就失去了意义。因为只有在面对日常生活的种种挑战时，才能真正测出我们内在的平静、洞察力与慈悲的进展。

即使如此，佛陀还是要我们亲自试试不同的修持方法。有一部经典提到，佛陀鼓励他的弟子通过修持来验证他的教法，而不是根据表面的重要性来接受他的教法："犹如我们以煅烧、切割、摩擦的方法检验真金一般，同理，有智慧的比丘也要检验我的教法，要透彻检验我的教法，不要因为盲从而领受之。"

基于相同的精神，我也请大家亲自尝试这些教法，看看这些教法对你是否有效。有些法门可以帮助你，但有些对你可能没有助益。有些人可能马上就发现自己跟某个或某些技巧很相应，但也有些法门需要多加练习才会熟悉。也有某些人可能会觉得禅修对自己一点好处也没有，这也没关系，最重要的是，要找到能够发展出平静、清明、自信和安详的修持方法，并且实际去修持。假使你可以这么做，那么，你不仅能够利益自己，还可以利益周遭的每一个人，而这就是所有科学研究与内心修持的最终目标，不是吗？我们不仅要为自己，更要为后代子孙创造一个更安全、更和谐、更和善仁慈的世界。

第三部　快乐的心　健康的身

经验改变大脑。

——《三个令人趋之若骛的概念》——

| 第十五章 |

问题与可能性

一开始，我们的心无法长久保持稳定，也无法长时间安住。然而，只要坚忍不拔并持之以恒地禅修，心的平静和稳定性就会逐渐开展。

——波卡仁波切（Bokar Rinpoche），《对初机者的忠告》

当你以禅修来安住自心时，奇妙的体验就可能会发生。有时要禅修一段时间之后才会有这些体验，有时才第一次坐下来禅修，它就发生了。最常见的体验就是喜乐、清明和超越念想。

喜乐，是身心两方面的纯然快乐、舒适和轻安。当这种体验增强时，你所见到的一切就好像都是由“爱”所产生，即使肉体的疼痛也都会变得很轻微，甚至几乎完全感受不到。

明性，是能够洞见事物本质的一种能力。见一切事物时，就好比见到无云晴空下灿烂闪亮的山水景色般，每件事物都很合理地清晰呈现。即使是纷扰的念头和情绪，在这片景色之中也都有其归属的所在。

超越念想则是一种自心完全开阔宽广的体验。你的觉性直接无遮，不被“我”或“他”、主体和客体，抑或其他形式的限制所遮盖。这是一种清净心识的体验，广大如虚空，无起始，无中间，也无止境。就像虽是在梦境中，却是清醒的，而且也认出梦中所经历的一切与做梦者的心并非分离的。

不过，我常听到初学禅修的人说，他们虽然坐着，却什么也没发生。有时他们会感受到某种非常短暂而轻微的平静，但大部分时间里，他们并没有感受到禅修前和禅修后有什么不同。这种情形可真让人失望啊！

此外，有些人还会产生某种迷失感，好像他们所熟悉的念头、情绪和感官知觉的世界发生了某种微妙的变形，而这有可能是愉悦的，也有可能是不悦的。

我前面提过，无论你体验到的是喜乐、清明、迷失感，或什么都没有，但你“想要禅修”的意图，比起禅修时发生的一切来得重要多了。由于正念已经在那儿，只要通过禅修，努力地与它连接上，就能发展出对它的觉察。假使能持续不断地练习，渐渐地，你可能就会感受到某种不同于一般心理状态的安定感或平静感。开始有这样的体悟之后，你就能直觉地了解“散乱的心”和“禅修时不散乱的心”两者之间的差异。

大部分人在刚开始的时候，根本无法长时间在纯然的觉性中安住自心。如果你只能安住很短的时间，没有关系，只要按部就班，遵循前面所提到的教法，在任何修持座中都一再重复练习“短时间的放松”就对了。即使只是在一呼一吸的短暂瞬间安住自心，也是大有益处的。只要持之以恒，一再重复练习就行了。

周围环境的因缘条件不断在改变，但真正的平静来自于适应改变的能力。比方说，假设你正在打坐，就在平静地专注于自己的呼吸之际，楼上的邻居竟然开始用吸尘器吸地板，或者附近的狗突然开始汪汪乱叫；也许你开始觉得腿痛或背痛，也许觉得身体哪里很痒；或者，你以前跟别人吵架的情景突然毫无来由地涌上心头……这些状况时常会发生，而这就是为何佛陀要教导许多不同禅修法门的另一原因。

当这类干扰发生的时候，你就要把它们都变成修持的一部分。这时你可以用觉性去察觉这些干扰。如果你的呼吸练习被狗叫声或吸尘器的噪音打断，那么你就转而练习声音禅修法，把注意力安住在这些声响上；如果你感到背痛或腿痛，就把注意力放在那感到疼痛的心上；如果你感到哪里很痒，干脆就抓抓痒吧！假如你去过正在举行佛法教学或是僧人正在念经的佛堂，你一定看过僧人们不断在抓痒或咳嗽，或在坐垫上调整姿势等。但是，如果他们曾用心体会老师所授予的严格训练，那么很有可能的状态是，尽管他们在那儿又抓痒又动来动去的，却是保持着觉察的心——把自己的注意力放在瘙痒感、抓痒的感受，以及抓完痒的爽快感上。

如果你正在被强烈的情绪干扰，也可以试试前面提到过的方法，专心注意那正在体验情绪的心。或者你也可以转而修持施受法，利用当下的感受——无论是嗔念、悲伤、嫉妒或欲望——作为修持的基础。

还有一种相反的状况。我认识的不少人都发现，禅修时他们的心会陷入朦胧或昏昏欲睡的状态，要费尽力气睁开眼睛，并集中注意力去禅修，这时“今天算了，躺下来睡一下”的念头就很诱人了。

这种情况有几种对治的方法，第一种方法是，将注意力转而放在昏沉感或睡意上即可，这其实只是觉察身体感受的一种变化式。换句话说，要能利用你的昏沉，而不是被昏沉所利用。如果你实在坐不直，那就干脆躺下来，同时尽量挺直脊椎。

另一种对治法则是将眼睛向上凝视，你不需要抬起头或下巴，只要把眼光往上移，凝视着上方即可。这样做通常可以让心产生清醒的作用。而当你的心感到烦躁时，凝视下方则能产生一种安定的作用。

如果这些对治昏沉或干扰的方法都无法奏效，我通常就会建议学生先暂停一会儿，休息一下。可以出去走走、做做家务事、运动、读书，或种种小花小草等。如果你的身心都不合作，那么强迫自己禅修实在没什么意义。如果你企图压制自己的抗拒感，到最后你只会对禅修的想法感到受挫，然后就干脆放弃，宁可通过其他短暂而吸引人的事物来得到快乐。在这时候，你家卫星电视和有线电视的节目看起来就很诱人了。

禅修的次第

让那被念头所混浊的（心之）水澄清。

——帝洛巴，《恒河大手印》

我刚开始禅修时，惊恐地发现，比起未禅修以前，我反而体验到更多的念头、情绪和感官知觉；我的心非但没有更平静，甚至还更加烦躁了。“别担心，”我的老师们这样告诉我，“你的心并没有变得更糟。事实上，这些心念一直都在，只是你以前从来没有注意到，而现在愈来愈能清楚地察觉到它们罢了。”

瀑布般的体验

我的老师们将这种体验比喻为山上融解的雪水突然使瀑布涨水。他们告诉我，当融解的雪水从山上往下倾泻时，雪水所及之处，各种物质都会被翻搅而起，无数的岩石、石块和其他物质都会随着雪水一起奔流而下。由于水流非常快，冲刷而下的碎石泥沙又造成水流浑浊不清，因此不可能将这些东西都看得一清二楚。同样，心理与情绪的碎石泥沙也很容易让我们心神散乱。

老师们于是教我一段简短的祈愿文——“持金刚祈愿文”（Dorje Chang Tungma）。我发现，当我的心被念头、情绪和感官知觉淹没而不知所措时，这段经文非常有帮助。部分偈言略译如下：

> 禅修的正行即是不散乱，无论心感知了什么念头，念头也只是念头罢了。祈请您帮助那安住于一切念头之本质的行者，如实地安住于自心。

全球巡回讲学的时候，我观察到，“瀑布体验”是人们开始禅修时通常会碰到的第一个体验。面对瀑布体验时，实际上还会产生几种普遍反应，我自己全都亲身经历过。就某种意义来说，我感到自己非常幸运，因为亲身经历了这些过程，让我能够对学生产生更深的同理心，只不过在当时，这些瀑布体验似乎是可怕的折磨。

第一种反应是企图阻断瀑布，也就是蓄意阻止念头、情绪和感官知觉的生起，以便能体验到平静、开阔和宁静的感觉。试图抗拒念头等体验的意图会产生一种反作用，因为这样做会造成心理或情绪的紧张感，到最后演变为身体的一种紧张状态，尤其是上半身：双眼上翻、耳朵竖得直直的，而脖子和肩膀则变得异常紧绷。我通常把这个阶段的修持称为“如虹禅修”，因为阻断瀑布之后的安定感就像彩虹般虚幻且短暂。

一旦你不再蓄意强加这种造作的安定感，你就会发现自己得面对“原来”的瀑布体验。而在这样的体验中，你的心迷失在先前试图抵挡的各种念头、情绪和感官知觉中。基本上这就是本书第二部所描述的“哇”的体验，这时你开始试着观照自己的念头、情绪和感官知觉，但是一下子又被它们带得团团转。你认出自己又迷失了，然后再强迫自己回去观察心中所发生的一切。我把这种状态称为“钩链禅修”，在这样的禅修中，你试图钩链住自己的体验，万一不小心让自己迷失了，你就会感到有些懊恼。

有两种方法可以对治这种“钩链”的状态。假如你极其懊恼自己迷失在散乱之中，那么，就让自己的心轻轻安住在懊悔的体验中。不然，就放下散乱的心，把觉性安住在当下的体验中。举例来说，你可以试着把注意力放在身体的感受上：也许你的头觉得有点温热，也许你的心跳有点快，又或许你的脖子或肩膀有点紧绷，只要把觉性安住在当下的感受就对了。你也可以像本书第一部和第二部探讨过的，试着以纯然的专注力安住在“瀑布”本身的奔流之中。

无论你如何面对瀑布般的体验，这些体验都为我们上了非常宝贵的一课，消除了我们对禅修先入为主的观念。其实，你对禅修所抱持的期待，通常就是你会遇到的最大障碍，因此，重点是要让自己如实地觉知自心生起的一切。

另一个可能性是，经验来来去去，速度快到你根本无法认出它们。每一个念头、情绪或感官知觉就像滴入大水池的水滴一样，马上就被吸纳了。这个体验其实是很棒的，而这就是无所缘禅修的一种，是“止”修持最棒的形式。所以，倘若你无法捕捉住每一“滴”，也无须责怪自己，反而要祝贺一下自己，因为你已经自然地进入了大部分人都觉得很难达到的禅修境界。

修持一段时间之后，你会发现念头、情绪等的激流开始和缓下来，你也更能清楚区别自己的经验。这些经验其实一直都存在，然而，就如同真实的瀑布一样，奔腾的水流把许多污泥和沉积物翻搅而起，让你根本无法把它们看清楚。同理，通过禅修，平时遮盖住自心的习气和散乱就会开始平息下来，然后你就会开始看到平常没有觉知到的心念活动。

当然，也许你还无法观照到每一个经过的念头、情绪和所接收的对境，就像之前所提到“错过公文车”的经验一样，只能对它们惊鸿一瞥——这也没关系，“知道错失了某个念头或感受”的知觉，就是一种进步的征兆，显示你的心已经敏锐到能够捕捉变动的痕迹，就像侦探开始找到线索一样。

再继续练习下去，你会发现自己愈来愈能够在每个体验生起的瞬间就清楚觉察到它。我的老师曾把这个现象比喻为强风中飘扬的旗幡：旗幡不断随着风的方向飘荡，旗幡的动向就好比在你心中迅速生灭的种种妄念，而旗杆则犹如你自然的觉性，笔直稳固、屹立不动地固定在地上。无论风多么强劲，无论强风将旗幡吹往哪个方向，旗杆总是在那儿，如如不动。

河流般的体验

持续不断练习，慢慢地，你会发现，自己开始能够清楚分辨那些经过心中的念头、情绪和感官知觉的动向。此时，你已经开始将“瀑布体验”转变为我的老师们所说的“河流般的体验”。此时，一切仍活跃地进行着，但速度已渐慢且趋于和缓。进入这种“河流”阶段的禅修体验的最初征兆之一，就是发现自己偶尔已经可以轻松不费力地进入禅定的觉性境界，可以自然觉察内在和外在所发生的一切。而当你正式禅修时，喜乐、清明、超越念想的体验也更加清晰明确了。

这三种体验有时会同时出现，有时其中一种会比另外两种强烈。你可能会感到自己的身体变得更轻松，也可能会发现自己所领受的一切外在境相变得更清楚，或者说更“明晰通透”，它们似乎已不再像以前一样沉重或压迫了，念头和感受也不再显得那么强烈。这妄念之流被禅定觉性的“甘露”所灌注，变得比较像是来来去去的短暂印象，而不再是绝对的事实。

当你进入这“河流”般的体验时，会发现自己的心变得平静多了；你也会注意到自己不再把心的活动那么当真，那么在意心的变动。因此，最后你会发现自己自然地体会到一种更坚定的自信与更深远的开阔感。无论遇到什么人、经历了什么，或到何处去，你都如如不动。虽然这些体验来来去去，但是，你已经开始要体会周遭世界的美丽了。

一旦这些体验开始发生，你也开始能分辨出每个体验之间的微小空隙。这些空隙最初会很短暂，只是对“超越念想”或“超越经验”的惊鸿一瞥，但假以时日，随着自心愈来愈平静，这些空隙便会愈来愈长。而这就是“止”禅修的精髓：能够察觉并安住在念头、情绪和其他心理活动之间的空隙上。

湖泊般的体验

在“河流般的体验”之中，你的心可能还是会有高低起伏，但是，当你到达下一阶段，也就是我的老师们所说的“湖泊般的体验”时，你的心就会开始感到非常平稳、宽广且开阔，就像是平静无波的湖泊一样：你发现自己打从心里感到快乐，没有任何高低起伏；你充满了自信、稳定，而且多少已体悟到禅定觉性的持续境界，即使在睡梦中也是。

人生中，你也许还是会遭遇许多困难，比如负面的念头、强烈的情绪等，但是，这些困难对你而言已不再是障碍，反而成为加深禅定觉性的契机。这就像赛跑选手挑战自己多跑半英里，以期能够突破瓶颈而获得更坚强的实力和能力一样。

在这同时，你的身体开始感受到喜乐的轻安，你的明性也更为增长，因此所领受的一切境相都变得更鲜明了，几乎是一种明晰澄澈的状态，就像镜中的影像一样。虽然疯猴子在河流般的体验阶段可能还是会制造一些问题，但是当你达到“湖泊体验”时，疯猴子便会从此退隐江湖。

佛典中把这三个阶段的过程比喻为莲花出污泥而不染。莲花从湖泊或池塘底的污泥和沉积物中长出，当花朵在水面上绽放时，却没有沾染到任何污泥。事实上，花瓣表面似乎还有抗污染的能力。同理，当你的心在湖泊体验中开花绽放时，你不会有任何攀缘或执着，不会有任何与“轮回”有关的问题，你可能还会发展出如古代大师所成就的神通，诸如遥视或他心通。不过，假使你真的有这些经验，除了你的老师或老师的亲近学生之外，最好不要跟任何人提起或夸耀。

在佛教传统中，修行人不太会跟他人谈论自己的体验和了悟，主要是因为这样容易增长我慢，而且也可能导致滥用这些体验，以获取世间权力或用来影响他人，这对自己和他人都会造成伤害。

基于这样的原因，禅修的训练便牵涉到所谓的誓戒或诺言，亦即梵文“三昧耶”①，也就是不滥用从禅修训练所得到的能力，也有点像是限用核武器条约一样。而违犯三昧耶的结果，便是失去这些透过修持而获得的了悟和能力。

体验并非开悟

舍弃你所贪执的一切。

——第九世噶玛巴，《大手印了义海》

虽然“湖泊体验”被视为“止”禅修的最高境界，但并非真正的开悟或完全证悟。它是修持道上重要的一步，却不是终极目标。

① 三昧耶，samaya，梵文意为誓言或承诺。

所谓的“开悟”，是完全证悟自己的佛性。佛性是轮回与涅槃的基础，它超越一切念头、情绪，以及感官识（根识）和意识的感受经验，也远离了“自与他”与“主体与客体”的二元体验。它是浩瀚无际的，是智慧，是悲心，也是大成就。

我父亲曾经说过一则他在藏地时发生的故事：

他的一个出家弟子在山洞中禅修，有一天，这个弟子捎了一个紧急口信给我父亲，请父亲务必到山洞中看他。我父亲抵达时，这位僧人兴奋地告诉他：“我已经完全证悟了，我知道我能飞了。但是，因为您是我的老师，我还是需要得到您的许可。”

父亲知道这个僧人只是短暂地体验到自心本性而已，于是坦白告诉他：“别傻了，你飞不起来的。”

“不，不，”僧人兴奋地答道，“假如我从山洞顶端跳下去……”

“不可以！”父亲打断他。

他们就这样来回争辩了好一会儿，最后这位僧人终于让步了，说道：“好吧！既然您这么说，我就不去试了。”

这时已接近中午时分，于是僧人便供养我父亲午餐。服侍我父亲用完午餐之后，这位僧人便离开了山洞。但过了没多久，我父亲就听到“砰”的一声，随后，深邃的山洞底下便传来哀号声：“救救我，我的腿断了！”

我父亲于是爬下去，到了那个僧人横躺的地方，说道：“你不是说你已经证悟了吗？现在你的证悟在哪儿啊？”

“请别再提我的证悟了，”僧人哭喊道，“我快痛死了！”

慈悲如昔地，我父亲把这位僧人背到山洞中，用木板固定住他的腿，并给了他愈合伤口的藏药。然而，这肯定是这位僧人永难忘怀的一课。

就像我父亲一样，我的诸位老师总是审慎地指出“短暂体悟”和“真正开悟”之间的不同。**体悟随时都在变化，就像天空中云朵的飘浮移动，而开悟，即自心本性的稳定觉性则如天空本身，是衬托各种变动体验生起的一个不变背景。**

想要达到开悟的境界，最重要的是让自己的修持逐步开展，并以每天多次的短时间禅修作为开始。从短时间禅修中逐渐增长的安定、平静或清明等体验，很自然而然地就会激励你延长修持的时间。太疲倦或太散乱的时候，别强迫自己一定要禅修。但是，当你心中有个微弱却坚定的声音告诉你，现在是专注禅修的好时机，那就千万要把握机会做禅修。

另外很重要的一点，要放下任何你可能体验到的喜乐、清明和超越念想的觉受。喜乐、清明和超越念想都是非常美好的体验，也是你跟你的自心本性建立了甚深连接的一种明确征兆。但是，当这样的体验发生时，我们通常都会被诱惑而想紧抓不放，希望这些体验能持续下去。

你可以记住并领会欣赏这些体验，但如果你试图留住或重演这些体验，最后你就会感到挫折与失望。我非常了解，因为我自己曾经历过这样的诱惑和企盼，也曾因为屈服在这样的诱惑和企盼之下而感到灰心。每一次喜乐、清明或超越念想闪现的瞬间，都是当下对自心如实的自然体验。

当你试图抓住某个喜乐或清明的体验时，这个体验就会失去本身活跃生动且自然的特质，而变成一种概念、一种死去的体验，无论你再怎么努力想要留住它，还是会渐渐消退。稍后如果你试着再复制这个体验，也许可以尝到一点先前的滋味，但这也仅是一种记忆，绝非那个直接的体验本身。

我学到的最重要一课是，获得平静的体验时，要避免对这种正面的体验产生执着。就如同任何内心的体验一样，喜乐、清明、超越念想等体验也都是自然地来来去去，并非你所创造的，也不是因为你做了什么才让它们发生，更不受你控制，它们只是自心本然的特质。老师们教我，每当这些殊胜的体验发生时，要在这些觉受消退之前见好就收。因此，每当喜乐、清明或其他美好的体验发生时，我就会马上停止禅修。出乎意料之外，这些体验竟然比我试图抓住它们时更加持久。我也发现，下一次的禅修时间快到时，我已经迫不及待地想要禅修了。

更重要的是，我发现在喜乐、清明或超越念想的体验生起时就结束禅修，其实是学习放下执着的大好时机。紧抓或坚守着美好体验不放，真正是禅修的 大危机，因为我们很容易就会将这些美好的体验误以为是开悟的征兆。但在大多数情况下，这只是暂时现象，是对自心本性的短暂瞥见，它很容易被遮障，就像太阳被云朵遮住一样。一旦那短暂的清净觉性体验过去了，你又得处理内心所面临的昏沉、散乱、惊扰不安等平时的状态。事实上，比起试图攀执喜乐、清明、超越念想的体验，好好处理这些负面状态，反而会让你获得更大的力量与更大进展。

让你的体验成为你自己的向导和灵感吧！走在这条修持的旅途

上，要让自己尽情欣赏沿途的景色。这旅途上的无限风光就是你的自心，由于你的心本来就是证悟的，因此，倘若一路上你都能把握机会随时安住一会儿，那么最后你将会领悟到，你想要到达的地方其实就是你当下所在之处。

| 第十六章 |

从内在做起

证悟之道只有一条：从内在做起。

——第十二世泰锡度仁波切，《了义大手印祈请文》释论

全球巡回教学的好处之一，就是有机会学到不同语言的零星片段。我很喜欢美国人形容公司员工犯罪行为的一种说法，他们称之为“inside job”（内部作业）。犯下这种罪行的人通常自恃安全无虞，因为他们自认为很清楚公司设定的所有警戒措施，然而结果通常是他们并不真的知道所有细节，终究还是让自己的罪行露出马脚。

就某方面而言，让自己受制于自心的烦恼，就是一种“内部作业”。当我们失去贪爱的人、事或物，或当我们被迫正视自己不愿面对的状态时，就会感受到各种不同的痛苦，而这正是因为我们可以或应该了解自心，却不去了解所造成的直接结果。我们被自己的无明愚痴所捆缚，还企图通过外在方法让自己从中得到解脱，但这

些方法也不过是二元对立的无明所反射罢了，更何况让我们陷入烦恼的，就是这种二元对立的无明愚痴，这些外在方法只会让囚禁我们的桎梏更加牢固而已。

因此，我所学到关于念头和感知作用的生理性过程，表明了若想要从痛苦的桎梏中解脱，唯一的方法就是以苦的形成原因来化解苦的囚禁。只要一天没有认证原本就存于自心的宁静，我们也就绝对无法从外在对象或活动中找到永恒的满足。

换句话说，快乐和不快乐都是“内部作业”。

只求生存或更求发展

一切喜乐由善生起。

——冈波巴大师，《冈波巴大师教言：无上道宝鬘》

小时候老师曾教我，快乐有两种：短暂的快乐和永恒的快乐。短暂的快乐就像心的阿司匹林，只能暂时缓解情绪性痛苦几个小时，而永恒的快乐则来自去除痛苦的根本原因。

短暂快乐和永恒快乐之间的差异，跟本书第一部所讨论的“情绪反应”与“人格特质”之间的区别，在许多方面都很类似。从遗传学的角度来说，人类似乎被设定为倾向寻求短暂的快乐，而非永恒的快乐。饮食、性爱，以及其他活动都会释放出荷尔蒙，造成生理与心理上的幸福感受；而通过荷尔蒙的分泌，饮食、性爱等生存繁衍的种种活动，在保障个人生存与基因传递上都扮演了非常重要的角色。

据我了解，我们从这些活动所获得的愉悦感之所以很短暂，其实和基因有关。倘若饮食、性爱等活动能够制造恒常的幸福快乐，那么，我们只需从事这些活动一次，就可以翘起二郎腿好好享受一番，让其他人接棒执行延续种族的任务。以纯粹的生物学观点而言，这种求生存的驱动力只会让我们更趋于不快乐，而非更快乐。这就是其中的坏消息。

好消息是，大脑构造中一个不寻常的生物性“逆转”让我们能够凌驾基因的倾向之上。其实我们能够训练自己去认识、接受，并安住在较持久的宁静与满足感之中，而不会只为了再次体验短暂的快乐，就冲动无节制地重复相同活动。这个“逆转”，其实就是高度发展的大脑皮质层，即大脑中负责推论、逻辑和概念化的部分。

当然，拥有非常复杂的大脑皮质层也有缺点。很多优柔寡断的人常常让自己卡在反复推敲的死胡同里，从该不该跟伴侣一刀两断，到什么时候应该去超市购物，都要仔细琢磨其中的利弊，结果是什么也决定不了。不过，这种能够在不同选择中做取舍的能力，的确是很棒的优势，而且是好处远多于坏处。

指挥脑

柴火本身并非火焰。

——龙树菩萨，《中观基础智慧》

现代人普遍都知道，大脑基本上分成左、右两部分，即左脑与右脑。而左、右脑或多或少是彼此的“镜像”（mirror image，对称的结构），连接着各自的脑杏仁核、海马回，以及负责处理大脑皮质层大部分理性过程的大脑额叶。我曾听过有人随意聊到说自己是“左脑发达”或“右脑发达”，意思是指，左脑较活跃的人通常比较擅长分析或较为理智，而右脑发达的人则较有创造力或艺术天分。我不知道这是不是真的，不过据我所知，过去几年的研究结果全部显示了，人类和其他较进化的物种（比如说，我们的猴子朋友）的两边大脑额叶，在情绪的塑造和体验上各自扮演着不同的角色。

2001 年在印度举行的“心与生命学会”研讨会中，理查·大卫森教授发表了在威斯康星州麦迪逊市卫斯门实验室所做的研究结果。受试者被示以特别设计的照片，以唤起不同的情绪；照片内容从母亲慈爱地抱着婴儿，到发生意外事故后被烧伤者和罹难者都有。受试者在两个月内接受了好几次测验，每次间隔约数星期。实验结果清楚地显示，当受试者看到一般认为与喜悦、温馨、慈悲等正面情绪的相关照片时，大脑左前额叶的活动明显增加了；而看到会引起恐惧、愤怒或恶心等负面情绪的照片时，大脑右前额叶的活动就会增加。①

换句话说，这明确指出了快乐、慈悲、好奇和喜悦等正面情绪，跟大脑左前额叶的活动相关，而愤怒、恐惧、嫉妒和仇恨等负面情绪，则与大脑右前额叶的活动有关。这个关联性的确认，代表我们对“快乐”或“不快乐”的生物性基础有了更深一层的了解，而且

---

① 丹尼尔·戈尔曼. 如何克服破坏性情绪. 纽约：班坦戴尔集团，2003. 第 194～195 页。

长远来看，可能还会为发展实用的“快乐科学”奠定基础。这个关联性更立即提供了一个关键，让我们得以了解大卫森和安东尼·露兹两位教授后来针对曾受过不同禅修层次训练的行者，以及未曾有过禅修体验的实验对象所进行的研究结果。

这些研究始于 2001 年，他们向我解释时，将其描述为“试验性研究”，换句话说，就是科学家在发展正式临床研究时，设计用来帮助科学家能以更明确的标准和控制来执行的一种试验性计划。这次试验性研究的实验对象，是一个曾于多位当代藏传佛教大师座下受训 30 多年的僧人。需要注意的是，此次试验性研究的结果还不具结论性。首先，也是最重要的一点是，研究成果的检验需要时间，以便整理出未预期的技术性问题；其次，检讨试验性研究的结果可以帮助科学家厘清与研究可能有关或无关的资讯；第三，跟藏传僧人合作时，语言沟通上的困难常会造成实验对象和研究者之间无法传递信息。最后一点，也是本书第二部最后所提到的，藏传佛教行者必须持守三昧耶戒，除了具格上师之外，不能跟其他人描述自己所体验的实际境界。

卫斯门实验室这项试验性研究的目的，是为了确定实验对象 30 年多来所受的心智训练，是否真的能够让大脑不同区域的活动产生某种客观性、可测量的改变。为了达到这个实验目的，僧人被要求进行许多不同的禅修法门，其中包括把心安住在某个特定的对境上、生起慈悲心，以及无所缘的止禅修等。（参与此次试验性研究的僧人将无所缘的止禅修描述为“当下且开放”的禅修，也就是纯然安住在自心开放的当下，不刻意专注于某个对境。）他先是安住在一个中性状态中 60 秒，然后再进行特定的禅修 60 秒，就这样交替进行。

在这次试验性研究中，科学家以功能性核磁共振造影扫描装置监测这位僧人的大脑，再加上两次的脑电图测量（EEG），第一次用了128个电极，第二次则用了256个电极，比医院一般所使用的感应器数量多很多，而一般医院所使用的感应器，还仅止于测量头皮下的电流或脑波活动。我看到的脑电图照片非常有趣，看起来就像几百条蛇黏在僧人头上一样！这些蛇般的电极所搜集的信息，经过专为卫斯门实验室所开发的先进电脑程序分析，就能产生僧人大脑深层区域的活动图像。

虽然要花上好几个月时间，电脑才能把这些大脑扫描的复杂数据整理出来，但研究的初步结果却显示，僧人大脑许多大型神经元回路之间活动的转移变动情况。这至少说明僧人大脑活动的变化与他应要求所进行的禅修技巧有相对应的关联。相反，对未受过禅修训练的实验对象进行类似的大脑扫描之后，结果则显示，在执行特定心智活动时，他们自主指挥脑的能力比较有限。

前阵子，我在英国向人提起这次实验，好几个人便告诉了我关于伦敦大学的科学家对伦敦出租车司机所进行的一项大脑核磁共振（MRI）扫描实验。伦敦的出租车司机通常必须接受二至四年所谓的“道路知识”训练，才能学会在伦敦错综复杂的街道中行驶。实验结果显示，受测试的出租车司机脑中跟空间记忆最有关的海马回有了显著成长。简单地说，这个研究证实了重复的经验的确可以改变脑的构造和功能。

能够认出他人的情绪和感受是拥有脑边缘系统的哺乳动物所特有的能力，但无疑地，这种能力有时候似乎是麻烦多于益处。想想看，如果没有脑边缘系统，那么面对每一种状况时，都只用简单的、非黑即白的反应方式决定去杀或被杀、去吃或被吃，这样不是很好吗？不过，如果只用这种简单的求生策略过活的话，那我们的损失可大了。因为脑边缘区域让我们拥有“爱”与“被爱”的能力，也让我们能够体验到友情，并组织社会的基本架构，以提供更多安全感与生存条件，好确保我们的子子孙孙都能兴盛成长且绵延不绝。脑边缘系统让我们有能力创造并体会艺术、诗歌和音乐所激发的微妙情绪，这些能力当然是复杂且麻烦的，不过，下次看到蚂蚁或蟑螂在地板上匆匆爬过时，你也可以问问自己，你想用这种不是恐惧就是仓皇逃生的简单反应方式度过一生，还是宁愿拥有爱、友情、欲望，以及美的欣赏等较为复杂与微妙的感受能力？

脑边缘系统有两个截然不同却又相互关联的功能，而这跟慈悲心的开展大有关系。第一个功能被神经科学家称为“脑边缘共振作用”，是透过脸部表情、费洛蒙、肢体语言或肌肉位置，以辨认对方情绪状态的一种脑对脑的直觉能力。脑边缘系统处理这些微细信号的能力快得惊人，所以，我们不仅能够迅速认出他人的情绪状态，还可以根据这些信息来调整自己的身体反应。如果我们没有训练好自己以纯然的注意力去观察自心的转换与变动，那么在大多数情况下，脑边缘共振的过程是不自觉地发生，而这种脑对脑立即的调整能力，展现了大脑奇迹般的灵敏度。[①]

第二个功能指的是“脑边缘修正作用”，简单地说，就是“能改变或修正脑边缘区域之神经元回路的能力”。这种修正作用可以

---

① 《爱的通论》（*A General Theory of Love*）。

通过人来进行，比如上师或治疗专家；也可以直接通过演练一套相关指令来达成，比如修车指南或组合秋千指南等。脑边缘修正作用的基本原理，是大脑这个区域的神经元回路具有非常大的可塑性，经得起改变。举一个很简单的例子，假设你跟朋友谈到你刚认识了一个很喜爱的对象，才说到一半，朋友就回了你一句："我的天啊！这种人不就跟你上一个对象一模一样吗？你难道忘了那段感情带给你多少痛苦？"让你开始重新考虑是否继续这段新感情的，未必是朋友所说的这些话，反倒可能是他说这话时的语调、脸部表情，这让你下意识地产生某种程度的警醒。

而禅修，尤其是"悲心"的禅修，似乎创造了新的神经元传导路径，大大增强了大脑不同区域之间的沟通，产生了科学家所谓的"全脑运作"。

然而从佛教的角度来看，我可以说悲心的禅修培养了对各种体验的本质更宽广的洞察力，而这种洞察力来自卸下心对自他二元分别的习性枷锁——这种心识的分析层面与直觉层面的统一是大快乐，也是大解脱！

透过对他人生起慈心与悲心的训练，我们就有可能更具觉知地来整合脑边缘区域的运作过程。安东尼·露兹与理查·大卫森两位教授早期针对大脑扫描所进行的一些研究的发现之一，就是无所缘悲心的禅修（我曾参与此实验），即空性与慈悲相结合的禅修，大大增强了所谓的"伽玛波"。这是透过脑电图所测量到的大脑电流活动的一种变化，反映的是大脑各个不同区域间的资讯整合。伽玛波是一种非常高频率的脑波，通常是与注意力、感知力、心识，以及本书第一部曾探讨过的神经元同步有关。许多神经科学家认为，伽玛波代表了横跨大脑大范围区域之间，不同神经元自发性地同步沟通时所产生的活动。

初步的研究指出，长期禅修的行者自发地展现了高度的伽玛波活动，显示其大脑在禅修时已达到更稳定合一的状态。然而，由于神经科学与其研究所需的科技尚且在萌芽发展的阶段，因此我们也还不能断言，禅修真的可以增强大脑更大范围间的沟通。不过，先前提到的伦敦方面所做的出租车司机研究，似乎显示了重复的经验的确可以改变大脑结构，所以这也意味着，专注于念头、情绪和感受等体验的清晰通透，很可能也会转化大脑的相关区域。

悲心之果

即使是行小善，也会带来大快乐。

——《具义表达集》

"止"禅修就好比帮"心智与情绪的电池"充电一般，而悲心则是能以正确适当的方式使用这满载电池的"心智与情绪的科技"。我之所以说"正确适当的方式"，是因为你很可能会误用止禅修所发展出来的能力，仅用在增强自己心智与情绪的稳定性，以便掌握，甚至伤害他人。不过，当你获得一些体悟后，悲心和止禅修通常是要结合在一起练习的。而当你把悲心和止禅修两者结合时，不但会利益自己，还可以利益他人。修持道上的真正进步，就是包含能够觉醒到自利的同时也要利他。

悲心是对等互惠的。当你发展出心智和情绪的稳定性，且能够进一步将这个稳定性扩展为以悲悯体谅他人，以仁慈、同理心的方式对待他人时，你的希望或所做的祈愿就会较迅速，也较容易实现。为什么呢？因为如果你体会到他人也都跟你一样，希望得到快乐，而不要痛苦，因而你慈悲地对待他人，那么你周遭的人就会被你所吸引，你有多么想要帮助他们，他们就有多么想要帮助你。他们会更注意倾听你所说的话，并且会对你生起一种信任感和尊敬。曾经跟你敌对的人会开始以一种较尊敬且关心的态度对待你，并帮助你完成艰难的工作。人际间的冲突也较易自行化解了，你会发现自己在职场上比较得心应手，也开始有了新的亲密关系，不必再经历曾经有过的锥心之痛；你甚至有机会组织一个家庭，或者更能改善现有的家庭关系。这些都是因为你已经通过止禅修充满了自己的电池，且由于跟他人发展出更仁慈、更体谅以及更具同理心的关系，因而延续了这满载电池的电力呢！就某种意义而言，悲心的修持是以行动展现互为缘起的真谛：你对他人愈诚恳包容，他人对你也会愈诚恳包容。

当悲心开始在你心中苏醒时，你就愈能诚实面对自己。如果你犯了错，你会坦承犯错并逐步改正。同时，你也不会常在别人身上挑毛病。如果别人真的冒犯到你，开始对你大吼大叫或粗暴地对待你时，你会发现（很可能是惊奇地发现），自己竟然没有采取以前可能会用的方式来做回应。

几年前我在欧洲教学时认识了一位女士，她来问我如何处理跟邻居的冲突。她跟邻居的房子距离很近，中间隔着各自窄小的花园。这个邻居的小动作很多，总是喜欢找她麻烦，不是丢一些小东西到她花园里，就是故意弄死她的花草等。她问邻居为什么要这么做，邻居回答她：“我就是喜欢找别人麻烦。”

当这些小动作不断发生，这位女士当然也就怒火中烧，于是也不由自主地开始以同样的方式对邻居进行报复。“花园战役”愈演愈烈，两个邻居间的敌意也愈来愈深。这位女士显然感到很失败，她问我要怎么做才能化解这些问题，她的生活也才能恢复平静。我劝告她，要对她的邻居禅修悲心。

“我早就试过了，”她答道，“根本没有用。”

我询问了她的禅修方式之后，跟她解释道，悲心的禅修不仅是要试着对那些恼怒我们、挫败我们的人生起温馨亲切感或仁慈的心。事实上，我们还得分析、研究一下对方的动机，更进一步试着了解对方的感受，明白每个人都有相同的需求，就像我们自己一样，都想获得快乐并避免受苦。

隔年我回到欧洲时，她又来见我，这次脸上挂着灿烂的笑容。她告诉我，一切都好转了。我问她发生了什么事，她解释道：“两年前，我开始照着您的指示做禅修，想了想我邻居的感受，还有他可能的动机——他也跟我一样，想要快乐并避免受苦啊！一阵子之后，我突然发现，我再也不怕他了，我体会到他的所作所为其实都伤害不了我。当然他还是继续搞破坏，但他所做的一切竟然不再让我感到困扰。这好像是由于对他禅修悲心，我自己却发展出自信了。我并不需要进行报复或感到义愤填膺，因为无论他做了什么，对我而言，似乎已不具伤害性且微不足道了。”

"一阵子之后，"她继续说道，"他竟然开始觉得有点不好意思。当他发现，不管他做什么，我都没有反应时，他不仅不再找我麻烦，而且每次看到我时，还有点害羞呢，后来也慢慢地变得很有礼貌。结果，有一天他竟然来找我，为他所做的那些恼人的事向我道歉。我觉得，在某种程度上，似乎从我对他禅修悲心之后，不但我自己发展出了自信，他也逐渐地发展出自信了，因为他不必再做什么来证明自己可以有多强、多有破坏力。"

我们大部分人都无法离群索居，我们住在一个相互依赖的世界中，想要改善自己的生活品质，就得处处依赖他人的帮助。如果没有这样相互依赖的关系，你不可能饮食无缺，不可能有遮风挡雨的住处，也不可能有工作可做！因此，倘若能够以悲悯心和同理心来对待他人，你的生活品质就会好上加好！当你用这种方式看待你跟这个世界的关系以及自己的生活时，你就会了解，慈心和悲心是多么具有威力！

培养悲心的另一个大利益是，由于能够体会他人的需求、恐惧和欲望等，你于是能发展出更大的能力来了解自己，了解自己所憧憬的、想要回避的，并且体会自身本性的真谛，如此便能转而消除你可能感受的任何寂寞感或自卑感。当你开始体会到，每一个人都渴求快乐且害怕受苦，你会开始明白，你并非唯一感到恐惧的人，也不是唯一有需求的人，更不是唯一感受到渴望的人。了悟到这点之后，你对他人的恐惧就会消失；每个人都可能成为你的朋友，也都可能跟你亲如兄弟姊妹，因为你们有着相同的恐惧、相同的憧憬，以及相同的目标。基于这样的理解，跟他人真心诚意地交谈沟通就变得容易多了。

我的一个朋友的故事，就是这种坦率沟通的最佳范例之一：

他是纽约的出租车司机，某天交通高峰时段车水马龙之际，他在不该转弯的地方转弯了，在单行道上逆向行驶。结果被警察拦下来，不但开了罚单，还给他一张必须到法院出庭应讯的传票。当他出庭的时候，有个排在他前面的人非常愤怒，正在对着法官、开他罚单的警察，还有身旁的律师大声咆哮。这人粗暴无礼的行为不仅没有得到法庭的谅解同情，相反，还输了案子，结果被罚了一大笔钱。

轮到我朋友被法官质询时，他放宽心情，面带微笑，并对开他罚单的警察亲切地说了声早安，很有礼貌地问他今天好不好。一开始，警察先生有点惊讶，但也紧接着答道："哦，我很好！你呢？"我朋友同样有礼貌地问候了法官。开庭之后，法官问他："你那天为什么在那里转弯？"我朋友还是很有礼貌地解释说，因为那天塞车塞得太严重了，他实在不得不转那个弯。法官转而询问警察，我朋友说的话是否属实。警察先生也承认那天交通状况真的很糟，在那种情况下，我朋友所犯的错实在是情有可原。法官于是撤销了诉状，让我朋友离去。之后在法院大厅，那位警察先生上前跟我朋友说道："你刚刚表现得很好。"

不仅对我朋友，这个法庭经验对我而言也是个很好的范例，不仅展现了实践单纯慈悲心的利益，也展现了“己所欲，施于人”的利益，而非把对方视为敌人。无论你在生命舞台上扮演的是什么角色，出租车司机也好，位高权重的政治人物也好，企业的高级主管也好，如果你能够把自己面对的人当作朋友，知道他们有着跟你相同的希望与恐惧，那么你自己获得快乐的机会也会大大增加！再者，这种方式的效果是倍增的。假设你只能够影响一个人的态度或看法，此人也会把这个改变的成效传递给另一个人；假设你可以改变 3 个人的态度，那么这 3 个人各自也会影响另外的 3 个人，这样你就改变了 12 个人的生命，而这样的连锁效应就会不断地延续下去。

| 第十七章 |

快乐的生物学

要从内心深处生起对因果法则的确信。

——巴楚仁波切，《普贤上师言教》

一个真正好的科学实验所能发掘出的问题，就跟它所能得到的解答一样多。在进行禅修行者的研究时，所产生的最大疑问之一，就是禅修行者指挥心的能力到底是源于遗传天性，还是相同的文化和环境背景，抑或从类似的训练方式而来。换句话说，不是从小在藏传佛教寺院这种特殊环境下接受熏陶的普通人，是否也能够从佛法禅修技巧的修持中得到利益？

由于有关佛法禅修大师的临床研究目前仍在萌芽阶段，因此，这类问题可能要很久之后才会有真正确定的解答。然而我们都知道，佛陀已经教导过成百上千个平凡人，包括农夫、牧人、国王、商人、军人、乞丐甚至罪犯等，帮助他们学习如何驾驭自己的心，并由此产生某种生理性的微妙改变，让他们能够超越生理条件和环境条件的限制，达到稳定恒久的快乐。如果佛陀的教法没有成效，那么就不会有人知道佛陀的名号，也不可能有所谓的佛法传统，而你手中更不可能握着这本书。

接受自己的潜能

造成束缚之因，亦为解脱之道。

——第九世嘉华噶玛巴，《了义海大手印》

你不必是个大好人才能开始进行让自己快乐的“内部作业”。藏传佛教有史以来最伟大的大师之中，有一个过去曾是杀人凶手，但现在他已经被视为圣人。他的画像总是画着他把一只手举在耳朵边，聆听着世人对他的祈请。

他的名字就是密勒日巴，生于公元10世纪左右，是一对富有夫妇的独子。他的父亲意外去世之后，伯父便接管了他们家的财产，并迫使密勒日巴和母亲生活在贫困之中。密勒日巴母子当然无法接受这晴天霹雳的转变，但家族中却没有任何亲戚挺身而出为他们主持公道。在当时的时代背景下，孤儿寡母不得不就这么接受了家族男人所做的决定。

故事的发展是，当密勒日巴长大后，他的母亲便送他到一个巫师那儿学黑咒术，这样他就可以对那些恶亲戚进行报复。

当时密勒日巴心中充满了嗔恨，同时也为了取悦母亲，他精通了这些黑咒术。就在堂兄娶亲当天的婚宴上，他施放了咒术让伯父的房子倒塌，一次就杀害了35个家族成员。

密勒日巴是否真的以咒术或利用其他方法杀了他的亲戚，是可以讨论的，不变的事实是，他确实杀害了这些亲戚。但事发之后，他心中便充满了罪恶感和自责。如果撒个小小的谎都会让你一夜辗转难眠，想想看，杀了35个亲戚之后，你会有什么感受。

为了赎罪，密勒日巴离开了家乡，终其一生投入利他的行持。他去了西藏南部，在马尔巴大师座下学习。马尔巴大师曾经三次到印度取经，将佛陀教法的心要带回西藏。最值得注意的是，马尔巴大师本身并非出家人，而是在家众。他有妻有子，也拥有田产，每天都要忙着工作，还要照顾家人。但是，他也专心投入佛法修持，而他的虔诚带给了他无比的勇气——从西藏翻越喜马拉雅山到印度并非易事，况且大部分人在途中就命丧黄泉了。

马尔巴大师取经的时间点也非常特别且关键，因为就在他完成最后一趟取经之旅后不久，印度就被外敌入侵，所有的藏经阁和寺院都被摧毁，而延续佛陀教法的僧众和佛法教师也大多被杀害了。

马尔巴把从印度带回来的所有教法都传给了他的大儿子达玛多得（Dharma Dode），但是达玛多得后来却从马背上摔下而意外身亡。甚至马尔巴还在丧子之痛中，就开始找一个能继承他从印度求得之法教的弟子。他一眼就看出密勒日巴不仅能够精通教法细节，也能够掌握教法精义，并将教法传给后代。为什么呢？因为密勒日巴对自己的罪行感到极度心碎懊悔，而发自内心的痛悔自责，让他愿意不计一切地弥补自己的罪过。

单单通过自己的体验，密勒日巴就醒觉过来，认识了佛陀教法最基本的教义之一：你所想的一切、所说的一切，以及你所做的一切，都会反射到自己身上，成为自己的经验。假如你造成他人的痛苦，你就会经历十倍的痛苦；假如你给予他人快乐和幸福，那么你就会体验十倍的快乐；假如你的心很平静，那么周遭的人也会体会到相同程度的平静感。

这种见解其实是老生常谈了，不同文化也都以不同方式阐述这个道理，甚至连著名的海森堡测不准原理都认可了内在经验和物理现象之间存在着某种密切关联。我们这个时代最令人兴奋的发展，就是现代科技开始让研究人员能够以实际的研究证实这些原理。研究人员已经开始提出客观证据，证明学习安定自心并培养慈悲的心态，能够创造更高层次的个人喜乐，而且真的可以改变大脑的构造与功能，让这种喜乐恒久持续。

为了测试佛法禅修运用在一般人身上的效果，理查·大卫森和他的同事设计了一个研究实验，受试者是美国中西部一家企业的员工，实验目的是，看看禅修技巧是否真能消除工作压力所造成的生理与心理影响。理查·大卫森邀请这家企业员工报名参加禅修课程，做完一些初步的血液检验和脑电图扫描之后，受试者被随机分为两组，其中一组马上进行受训课程，而对照的另一控制组则等到第一组的受试结果被详加研究之后，才开始进行受训课程。禅修课程为期 10 周，授课老师是麻省理工大学医学系教授乔·卡巴金（Dr. Jon Kabat-Zinn），他也是麻省理工大学正念医院减压诊所的创办人。

受试者完成禅修训练之后，连续几个月仍不断接受评估。大卫森和他的研究组成员发现，禅修课程结束之后 3～4 个月间，脑电图测量到与正面情绪有关的大脑左前额叶的电流活动时，此处的电流活动开始出现逐步且显著的增长。而在这 3～4 个月间，受试者也开始汇报自己体会到压力减轻些，心情较稳定，也更广泛性地感到幸福。但是，真正有趣的结果才正要揭晓呢！

快乐的心，健康的身

人类独具的身、语、意，提供了独特的能力，以利从事建设性的行为。

——蒋贡·康楚·罗卓泰耶，《了义炬》

佛教徒与现代科学家大致都同意，心的状态能够对身体造成某种程度的影响。举一个日常生活的例子，如果你在白天跟别人发生争执，或者因为没缴电费而收到停电通知，那么，晚上你大概没办法睡好觉了。又例如你正要做一份商业计划，或跟老板讨论你目前所遭遇的难题，你大概也会感到肌肉紧绷，胃部也不舒服，或突然间就头痛得要命。

近年才开始出现许多支持心的状态与生理经验有所关联的科学证据。理查·大卫森对企业员工所进行的研究，还谨慎地设计过，让禅修训练结束时，正好是公司年度流行性感冒疫苗的注射时间。当再度采取受试者的血液样本时，理查·大卫森发现，曾接受禅修训练的受试者流行性感冒抗体，比未受训练的受试者明显高出许多。换句话说，大脑左前额叶活动发生重大改变的人，免疫系统显然也增强了。

这样的结果显示，现代科学已向前跨进了一大步。和我交谈过的许多科学家们早就猜测到心和身体之间有所关联，但在得到这个研究结果之前，却没有任何证据能够清楚指出这样的关联性。①

在漫长且成果斐然的科学历史中，科学界几乎一面倒地在钻研心与身体的负面现象，反而疏忽了对正面现象的研究。不过，这样的情形最近有了改变，有愈来愈多的科学家开始对快乐、健康的人进行解剖学和生理学的详尽观察与研究。

过去数年中，已有相当多的研究结果显示，正面的心理状态与各种生理疾病的缓解和预防有着非常强烈的关联。举例来说，哈佛大学公共卫生学院社会、人类发展及卫生系助理教授库桑斯基博士（Dr. Laura D.Kubzansky）进行了一项研究，研究小组追踪调查了大约 1300 位男士过去 10 年的病史。这些研究对象原本是退伍军人，他们获得的医疗照顾通常比一般人要好，因此他们的病历相当完整，也易于长期追踪。

由于“快乐”和“不快乐”的含义过于笼统宽泛，为了让研究内容更清楚，库桑斯基博士于是把焦点集中在乐观和悲观情绪的特定表现上。这两种情绪的特性是以标准性向测验来定义：所谓

---

① 丹尼尔·戈尔曼. 如何克服破坏性情绪. 纽约：班坦戴尔集团，2003. 第 334 页。

"乐观"，就是相信你的未来大有希望，因为你认为自己对重要事件的结果有一定程度的掌控力，而"悲观"则是相信你正在经历的所有问题都是不可避免的，因为你认为自己的命运不在自己的掌控之中。①

研究结束后，库桑斯基博士发现，对年纪、性别、社会背景、运动状况、饮酒和抽烟习惯等因素进行统计学的调整之后，被归类为乐观者的研究对象，罹患某种病的概率比所谓的悲观者少了50%。"我虽然是个乐观主义者，"库桑斯基博士在最近一次访谈中说道，"但这样的结果却也非常出乎我意料之外！"②

此外，由杜克大学心理学助理研究教授罗拉·斯马特·理查曼（Dr.Laura Smart Richman）所主持的一项调查研究中，也观察了"希望"和"好奇心"这两种跟快乐相关的正面情绪对生理状态的影响。1050 位综合诊所的病患同意参与问卷调查，问卷内容包括了他们的情绪状态、行为模式，以及个人收入、教育程度等资讯。③

理查曼博士和她的研究小组追踪了这些病患的病历长达两年。同样地，经过前面所提到的，对控制因素进行统计上的调整后，理查曼博士发现，抱持较高希望与好奇心的人，罹患糖尿病、高血压

---

① 明尼苏达多方面个性一览表（The Minnesota Multiphasic Personality Inventory）。

② 麦克·理蒙尼（Michael D.Lemonick）. 喜乐的生物学说.《时代》（*Times*），2005 年 1 月 17 日。

③ 理查曼等（L. Richman et al）. 正面情绪与健康：超越负面心态（Positive Emotion and Health：Going Beyond the Negative）.《健康心理学》（*Health Psychology*），24，no. 4.2005，第 422 ~ 429 页。

和呼吸道感染的概率较低。理查曼博士以典型的谨慎科学语言，为她的研究下了结论：结果显示“正面性情绪可能可以在疾病形成前扮演保卫者角色”。[①]

关于快乐的生物学说

所依即为无上珍贵的人身。

——冈波巴大师，《解脱庄严宝鬘》

我们的心很有趣，倘若你问自己一个问题，然后静静地倾听，答案通常会自动出现。因此，我相信现代科学之所以会发展出检验心对身体产生作用的各种技术，就是因为现代科学家对身心关系的研究逐渐发生兴趣。目前，科学家们都以相当谨慎的态度提出问题，而他们所得到的答案虽然很令人兴奋，但还不能说是真正的结论。因为关于快乐与其特性的科学研究仍在初步发展阶段，我们应该容许一些不确定性，好给科学发展一段时间去经历成长的青涩过程。

与此同时，科学家也开始将一些客观信息衔接起来，或许有助于解释佛法训练的有效性。比方说，理查·大卫森在研究对象身上采取的血液样本显示，跟正面情绪有关的大脑前额叶活动很旺盛的人，其可的松——肾上腺在反应压力时自然分泌出来的荷

① 同 P. 265 注③。

尔蒙——分泌程度相对较低。而由于可的松通常会抑制免疫系统的功能，因此我们可以说，认为较有自信、较快乐、较有能力掌控自己的生活，跟拥有强壮、健康的免疫系统之间有着某种关联性。相反，大体上感到不快乐、失控，或必须依赖外在条件的人，可的松的分泌通常比较高，这样就会削弱免疫系统，让我们容易被各种生理疾病侵袭。①

认证空性的利益

你自己成了活生生的教法，你自己成了活生生的佛法。

——邱阳·创巴仁波切，《幻相的游戏》

本书第二部所描述的任何一个禅修法门，都有助于缓解“失控感”。只要我们能够耐心地观察每个当下的念头、情绪和感官知觉，渐渐地，我们就会认出这些现象并不是原本真实存在的。如果你所经历的每一个念头或感受都是原本真实的“东西”，那么，它们全部加起来的重量就可以把你的脑袋压碎！

我的一个学生有次说道：“通过禅修，我了解到，所谓的感受并不是事实，它们随着我自己当下不安或平静的状态来来去去。如果它们是真实的，那么不管我所处的情况如何，它们应该都不会改变才对。”

① 《喜乐的生物学说》，麦克·理蒙尼（Michael D.Lemonick）著。

我们也可把这个道理用在念头、所接收的对境及身体的触受上。根据佛陀的教导，这些全部都是空性无限可能的瞬间表现。它们就像机场里南来北往忙着赶去不同城市的人们一样。你如果问这些人为何来到机场，他们一定会告诉你："只是途中经过而已。"

那么，认识空性又如何能减轻造成生理疾病的压力呢？前面我们曾经探讨过，我们可以将空性比喻为梦境体验，也举了汽车的例子；我们的梦中车并不"真实"，并非真实世界的工厂以各种实质零件所组合而成。然而只要还在梦中，我们开着车，到处兜风的体验就会显得很真实。我们真的很喜欢开着车，到处去跟亲朋好友炫耀这种"真实"体验。但如果发生车祸，我们便会经历"真实"的痛苦。然而，梦中的车并不真实存在，对不对？就是因为我们陷在梦境的无明愚痴中，所以梦中开着车所经历的一切才显得那么真实。

但是，即使在梦中，某些世俗常规还是会强化我们对梦境真实性的认同。例如梦到瀑布时，一般而言，水都会往下流；梦到火时，火焰则是上扬的。而当我们的梦境变成梦魇，比如说，梦中发生了车祸，或梦到自己被迫从高楼跳下摔落地面，抑或被迫穿过火焰时，这些在梦中所经历的痛苦似乎非常真实。

现在我要问你一个可能比前面所问的、较难回答的问题：如何在尚未醒来的状态下，让自己从梦境的痛苦中解脱出来？

我曾经多次在公开授课中问过这个问题，得到的答案五花八门，什么都有。有些答案非常有趣，例如有人建议应该聘请有神通的管家，因为他能直觉地认出你的痛苦，然后进入你的梦境，引导你度过难关。我可不知道坊间有几个魔法管家可供聘请，也不知道如果在履历表上注明自己的特殊才能是神通力的话，是否可以增加被雇用的机会……

还有其他人建议说，清醒时花多一点时间做禅修，就会增加做美梦的概率。可惜的是，我在世界各地认识很多人，却还没听说过有人可以这么做。另外也有人说，梦到从高楼跳下时，你可能会突然发现自己会飞。我不知道这是如何或为何能做到，不过，这个建议听起来挺冒险的。

极其难得地，有人建议说，最好的解决方法就是在梦中认出你正在做梦。据我了解，这就是最好的答案了。陷入梦境时，如果可以认出自己正在做梦，那么，你就可以在梦中随心所欲地做自己想做的事：你可以从高楼跳下，一点都不会摔伤；也可以跳入火中，而不被烧伤；你可以在水面上行走，而不会被淹死；如果你开着梦中车出了车祸，也可以毫发无伤地逃过一劫。

这里的重点是，通过训练自己认出一切现象的空性，你可以在清醒的时刻达到惊人的成就。大部分人在清醒时，都还是困在跟梦境体验相同的局限与困惑的迷惘中。但是，如果你每天都能花一点时间——即使只是几分钟——详加检验自己的念头和所接收的对境等，你慢慢就会愈来愈确信，也会愈来愈能觉知地认出，日常生活的种种经验其实并不如你以往所想那般坚实不变。以前你认为很真实的神经元也会逐渐转化，你的脑细胞和感官细胞之间的沟通也会随之有所改变。

不过要牢牢记住，这个“改变”是个非常缓慢的过程，你必须给自己一点时间，依着自己的本性，让这转化过程依着自己的节奏自然发生。如果你企图加速这个过程，充其量只会让自己失望，最糟糕的是，还会伤害到你自己。（比方说，才禅修空性一两天，我就绝对不会建议你试图要穿越火焰。）

想要认证自己全部的潜能——佛性，毅力与精进是不可或缺的，而关于这一点，我想不出有比电影《黑客帝国》（*Matrix*）第一集更贴切的例子了。这部电影之所以让我印象如此深刻，不仅因为它描述了被困在虚拟世界的人们经历了所谓“相对真理”，直到最后才发现，一切竟然是个幻象。而男主角尼欧，虽然有各种装备、受过各种训练，还是得花上好一段时间才认出，他从小以为是真实的个人极限，其实只是自心的投射罢了。刚开始必须对抗这些挑战时，他心中非常害怕。我很能体会他的这种恐惧感。虽然有莫菲这位老师指引他、教导他，他还是很难相信自己真正拥有的能力——这种经验我也有过，当能够展现自心本性全面潜能的大师们初次对我指出我自身的本性时，我也觉得难以置信。电影最后，在尼欧必须亲自体验他所学习到的知识是真实不虚之际，他才真正能够让子弹停在半空中，还能够预知未来。

但是，他还是得循序学习才能做到这些事。所以，千万不要禅修个两三天，就以为自己可以安然无事地在水面上行走或飞越高楼。你最可能注意到的第一个改变是，你会体验到更大的开阔感和自信，能够更诚实地面对自己，并且能够比以前更快速地认出旁人的念头和动机。这可不是微不足道的成绩，这可是智慧的开端！

如果持续练习下去，你本性中所有美好的特质就会逐渐显露。你会认识到，自心本性是无法被伤害或被摧毁的，你甚至可以在旁人都还搞不清楚他们自己的念头和动机之前，就能“读出”他们的心念。你也会更有能力看清楚未来，并看到自己和旁人所作所为的后果是什么。最重要的一点是，你将会领悟到：**无论你有什么恐惧，无论你的身体发生了什么变化，你的真实本性是真正坚不可摧的。**

| 第十八章 |

向前迈进

要仔细思考拥有珍贵人生的好处。

——蒋贡·康楚·罗卓泰耶，《了义炬》

所有被现代科学家深入研究过的生物当中，我们可以肯定地说，只有人类具备审慎选择自己人生方向的能力，也只有人类能够分辨哪些抉择是通往短暂快乐的山谷，而哪些又是进入恒常宁静与福祉的乐土。虽然基因的影响可能会让我们执着于短暂的快乐，但我们也天生具备认识内在更深刻恒久的自信、宁静和福祉的能力。

在一切有情众生之中，人类因清楚认识到在理智、情绪和生存本能之间建立联系的必要性而一枝独秀，也因而创造出一个宇宙——不仅是为了自己和后代的子子孙孙，也为了所有能感受到烦恼、恐惧和痛苦的其他生物——在这个宇宙中，一切有情众生都可以满足安然地和平共存。

即使我们浑然不觉，这个宇宙已经存在了。佛法的目标，就是在发展认识这个宇宙的能力，这个宇宙只是原本就存在于自心的无限可能性。为了认识它，我们必须学会如何安住自心，唯有通过安住自心于本然的觉知，我们才能开始认识到“我”不是“我的念头”“我的感觉”“我所接收的对境”，念头、情绪和感知的对境只是身体的功能。身为佛教徒，我所学到的一切，以及我所知道关于现代科学的一切，都向我显示人并非只是身体而已。

本书所提到的禅修练习，只是让你迈向了悟自心全然潜能——“佛性”的第一阶段。光是熟悉这些安定自心的法门，并培养出慈心和悲心，就已经足以让你的生命产生意想不到的改变了。有谁不想在面对困境时能够感到自信镇定？有谁不想降低或消除自己的孤立感？有谁不想直接或间接地帮助他人得到快乐，并因而创造出良好的环境，让我们自己，更让我们所关爱的众生与未来的世代子孙都可以兴盛成长？谁不想这样？想要创造这些奇迹的话，我们只需要一点点安忍的毅力、一点点精进的精神，还有一点点放下对自己和周遭世界既定成见的意愿。我们只需练习一下如何在人生的大梦中清醒过来，并认出梦中体验和做梦者的心之间并无不同就行了。

就如同梦中的景色是无所不有的，你的佛性也是如此。过去在许多佛教大师神奇的生平故事中，都曾提到过这些大师能够在水面上行走、毫发无伤地穿越火焰，还可以用心电感应跟遥远的弟子沟通。而我父亲也能够在没有麻醉的状态下接受眼部手术，当医生切入敏感的眼部皮肤和肌肉组织时，他一点儿也不感到疼痛。

我还可以和你分享一个有趣的故事，故事主角生于20世纪，并以有情众生的身份证得了全然的了悟：这个人就是十六世噶玛巴，是藏传佛教噶举派的前一任法王。

十六世噶玛巴的圆寂，更对那些见证者生动展现了自心本性的特质。1981年，噶玛巴在芝加哥市郊的一家医院中接受癌症治疗。但他的病情让医疗小组困惑极了，因为他的症状时而出现，时而消失，却查不出明显原因。有时候症状全部消失了，但稍后又在尚未受到感染的身体部位出现。根据描述，这种状态“就好像他的身体在跟医疗设备开玩笑似的”。在种种磨难之中，噶玛巴却从未抱怨过任何疼痛，他比较关心的反而是医院员工的福祉。许多医院员工经常来探望他，为的就是要感受他从内心发散出来的那种不为病痛折磨的极度宁静与慈悲。①

噶玛巴圆寂之后，随侍在侧的人请求院方，是否能依照藏传大师圆寂时的习俗，将噶玛巴的遗体静置三天，不要受到任何打扰。由于医院员工对噶玛巴有着极为深刻的印象，行政部门答应了这项特殊的请求，没有马上将他的遗体移到太平间，而是留在病房中，维持圆寂时的禅修坐姿。

医生们在这三天之中持续观察了噶玛巴的遗体。根据他们的记录，噶玛巴的身体并没有死后僵硬的现象，而且心脏部位的体温跟活人几乎一样。即使是20多年后的今天，噶玛巴遗

① 肯·福勒斯（Forres）. 噶玛巴. 苏格兰：阿尔特阿出版社，1995. 第32页。

体的状态仍是医学所无法解释的，也在所有见证者心中留下难以磨灭的印象。

我认为十六世噶玛巴决定接受现代医学的治疗，并于西方医院中圆寂，是他留给人类最后，也是最美好的礼物。他对西方科学界展现了一项事实：我们人类确实拥有一些常理无法解释的能力。

寻找上师

你需要一位真正的精神导师的指引。

——第九世嘉华噶玛巴，《大手印了义海》

关于过去或当代大师们，有一件值得注意的事，那就是他们都经过相似的训练过程。他们先是练习本书所提到的安定自心与发展慈悲心的诸多法门，之后便通过更具智慧与经验的老师引导，开展自己全然的潜能。如果你想要更深入地探索并体验自己全然的潜能，那么你就需要一个指引者、一位上师。什么是一位好上师应有的特质？首先，他必须遵循某个传承的训练，否则他或她有可能会出于我慢而假造戒律或修持方式，也有可能误解书中的知识，然后又将错误的知识传给弟子。此外，接受公认传承训练出来的老师的指导，会让你获得一种深刻且微妙的力量，也就是本书第一部中所描述的“互为缘起”的力量。当你跟着某个经过传承训练的老师学习时，你就成为这个传承“家族”的一分子，就像你在原生家庭中耳濡目染地学习，你也从对传承上师的观察与互动里学到无价的教导。

除了得受过某个传承的训练之外，一位具格上师也必须展现慈悲。他无须通过言语的表述，而是以自己的行持微妙地展现自己的了悟。千万要远离那些大肆吹嘘自己有什么成就的老师，因为这种大话或自吹自擂肯定是没有获得证悟的征兆。已有证悟的老师绝对不会提到自己的成就，反而倾向于宣扬自己老师的品德。你可以通过他们所展现出来的气质威仪，感受到他们的德行。就像黄金反射出光芒一样，你看不到黄金本身，而是看到金色闪耀的光芒。

选择快乐

动机就是心的业力。

——《阿毗达磨藏》(*Gunaprabha*)

只要看小孩子玩电子游戏时，沉溺在按钮杀敌或赢得点数，你就知道这些电子游戏多么令人着迷。然后你退一步想，钱财、感情或其他你曾经玩过的成人“游戏”，是不是也同样让人上瘾？成人和小孩子之间最大的不同就在于，成人已有过这样的经验，也知道要从这些游戏中退出。成人可以选择更客观地观察自己的心，而且能够对那些还做不到这样选择的人生起慈悲心。

本书前面说过，一旦下定决心要开发对自心佛性的觉知，你势必会在日常生活中看到自己的改变：以前曾经困扰你的人、事、物，会逐渐失去对你的影响力；你会更具有直觉性的智慧，更放松，心胸更宽广，你也开始可以认出“障碍即是成长的契机”。随着假象的受限感和脆弱感逐渐消退，你就会发现内心深处那个真正自我的庄严伟大。

最棒的是，由于开始看到自己的潜能，你也会在周遭每个人身上认出这样的潜能。**佛性不是少数人才能拥有的特权，“真正”认出自心的佛性时，你会体会到佛性有多么普遍平常，你会看到每个众生都具有佛性，只不过并非每个众生都有能力认出自心本具的佛性罢了。**因此，曾经对你大吼大叫或做出伤害性举动的人，你都不会再对他们关闭心门了，你的心会变得更加宽广。你会认出，他们并非浑蛋，他们跟你一样，都想要快乐与平静，而他们之所以会做出那些浑蛋的行为，是因为他们尚未认出自己的真实本性，因而被脆弱感和恐惧感淹没了。

你可以把简单的祈愿作为修持的第一步，祈愿自己下次做得更好，祈愿自己能够以更加正念觉察的心来从事所有的活动，祈愿自己可以更宽大地对待他人。动机是决定我们到底会痛苦还是平静的唯一的因素。正念觉察和悲心其实是同步发展的，你愈是能正念觉察，就愈容易变得更加慈悲。而你愈是能够心胸宽广地对待他人，从事任何活动时就愈能够觉知。

无论何时，你都可以自行选择要随着那些会强化自我脆弱感和受限感的念头、情绪和感官知觉而到处流转，还是记得你的真实本性是清净、无限且无法被损伤的。你可以继续在无明愚痴中沉睡，也可以记得你当下就是觉醒的，而且一直都是觉醒的。无论身处哪一种状态，你都是在展现自身真实本性无限的本质，愚痴、脆弱、恐惧、嗔恨及欲望等，也都是你佛性无限潜能的展现，而无论哪一种选择，都没有本质上的对或错。佛法修持的成果，就是认出所有烦恼只不过是我们现有的选择罢了，因为我们真实本性的境界是无限宽广的。

我们选择愚痴，是因为我们“可以”愚痴；我们选择觉知，是因为我们“可以”觉知。轮回和涅槃只不过是我们选择如何检视和了解自身经验的两种不同观点罢了。涅槃并不神奇，轮回也没啥不好，如果你决定把自己想成是受限的、害怕的、脆弱的，或由于过去的经验而感到惊恐的话，你要知道，是你自己“选择”要这么认为的。但是也要记得，你永远都有机会选择以不同方式来体验自己。

佛法之道，主要是让我们可以在熟悉感与实际性之间自行做选择。毫无疑问地，维持熟悉的念头和行为模式会让我们拥有某种舒适和稳定感。一旦跨出舒适、熟悉的范围，势必就得踏入陌生经验的领域，而这可能会让我们感到非常恐惧。这就像是我在闭关时体验到那个不安的灰色地带一样，你不知道到底应该退回自己虽恐惧却熟悉的状态，还是干脆一咬牙，迎头面对可能只因不熟悉才感到的恐怖经验。

好几个学生告诉我，就某种意义而言，放下熟悉的过去，选择认出自己全然的潜能，有点像是结束一段受伤的感情一样，在做了断时，同样都会感到既失败又不甘愿。然而这两者之间最重要的差别在于，当你进入佛法修持之道时，是你与你自己了断那段伤害自己的感情。当你选择认证自己真正的潜能时，你就会逐渐发现自己轻视自己的次数减少了，对自己的观感也变得较为正向且健康：你的自信增长了，单纯的生活之乐也愈来愈多。同时，你也开始认出周遭每个人都拥有同样的潜能，无论他们对它是否有所了解。你不再把旁人视为某种威胁或对手，你发现自己开始有能力认出并同情他们的恐惧和痛苦，并且能够自然地以建设性的方式回应他们，向他们强调问题的解决之道，而非制造更多问题。

快乐的追寻，到最后其实只剩下两种选择，你可以选择“觉察烦恼时产生的不安”，或选择“被烦恼控制的不安”。虽然我们说要单纯地安住在觉察念头、感受和所接收对境的觉性中，并认出这些都是身心之间互动的产物，但我可不能担保这个过程一直都很愉快。事实上，我可以向你保证，以这种方式观照自己，有时候是极度痛苦的，就像开始任何新的尝试，比如到健身房运动、开始一个新工作或开始节食一样。

最初几个月总是很困难。为了干好一份工作，必须学习所有必要的技巧其实是很辛苦的；要激励自己去运动也不容易，而要你每天都吃健康饮食也很难。但过了一阵子，困难消退之后，你就会逐渐感受到喜悦的成就感，这时，你整个“自我的观感”也会开始转变。

禅修也是如此。最初几天你可能有非常好的感受。但过了一个星期左右，禅修变成一种考验了：找不出时间、发现打坐很不舒服、无法专心，或者感到很累——你遇到障碍了。就像赛跑选手爱加跑500米作为训练一样，身体会说：“我没办法！”心却说：“我应该这么做！”这两种声音都不怎么讨人喜欢，事实上，它们的要求都让人觉得很吃力。

我们常说佛法是“中道”，因为佛法提供了第三种选择。假如你下一秒钟再也无法安住在声音或烛火上，拜托你就停下来吧！不然禅修就会变成一件苦差事，每到固定时间，你就会想：“糟了！现在是七点十五分，我应该去打坐以便能生起快乐。”这样做是不会进步的。但从另一方面来看，假如你发现自己可以再持续个一两分钟，拜托就请继续吧！你所学到的东西可能会让你惊奇不已。你可能会发现，自己的抗拒感背后藏着一个你不想承认的念头或感受；或者你也可能会发现，自己能够安住的时间比原先想象得还久。但只是这发现就会让你对自己更有信心，同时也能减少可的松的分泌，增加体内的多巴胺，并刺激大脑左前额叶的活动。这些身体的转变提供了安定感、稳定感与信心的生理基准，会让你的生活产生巨大的变化。

然而最特殊的是，**不论你禅修时间多久，不论你运用什么禅修技巧，也不论我们觉察与否，每一种佛法的禅修技巧最后都会引发慈悲心。**每当你看着自己的心时，实在无法不看到自己与他人的相同点；当你看到自己"渴求快乐"的欲望时，一定也会看到他人有着相同的欲望；当你清楚观照自己的恐惧、愤怒或嗔恨时，实在无法不看到周遭的人也都有着相同的恐惧、愤怒与嗔恨。当你看着自己的心时，所有虚构的自身与他人的差异就会自动消融，而古老的祈愿"四无量心"就会变得像是自己的心跳般自然且持续：

愿一切有情具乐及乐因，
愿一切有情离苦及苦因，
愿一切有情具喜及喜因，
愿一切有情远离怨亲爱憎，常住大平等舍。